好妈妈不焦不躁

培养孩子创造力的38种方法

尹霞 —— 著

中国出版集团 现代出版社

图书在版编目（CIP）数据

好妈妈不焦不躁：培养孩子创造力的38种方法 / 尹霞著. —北京：现代出版社，2018.1

ISBN 978-7-5143-6724-9

Ⅰ．①好… Ⅱ．①尹… Ⅲ．①少年儿童－创造能力－能力培养 Ⅳ．①G305

中国版本图书馆CIP数据核字（2017）第331212号

著　　者	尹　霞
责任编辑	杨学庆
出版发行	现代出版社
地　　址	北京市安定门外安华里504号
邮政编码	100011
电　　话	010-64267325　64245264（传真）
网　　址	www.1980xd.com
电子邮箱	xiandai@cnpitc.com.cn
印　　刷	三河市金泰源印务有限公司
开　　本	880mm×1230mm　1/32
印　　张	9.5
字　　数	189千字
版次印次	2018年3月第1版　2018年3月第1次印刷
标准书号	ISBN 978-7-5143-6724-9
定　　价	39.80元

目录

序言　好妈妈的教育，不焦不躁 ... 1

第一章
培育适合孩子创造力的沃土

第1种　"我有一个小问题"
——有个好奇宝宝怎么办？ ... 002
好妈妈手记：小心地呵护孩子的好奇心

第2种　"妈妈，我想试试这个"
——孩子的选择跟你不同怎么办？ ... 011
好妈妈手记：尊重每个孩子的选择

第3种　"妈妈，我厉害吧"
——一点小成就，需要鼓励吗？ ... 020
好妈妈手记：学会鼓励，给孩子自信

第4种 "我的世界无限大"

——孩子应该走怎样的发展道路？ ...028

好妈妈手记：给孩子自由发展的无限空间

第二章

寓教于乐——让创造力在游戏中发芽开花

第5种 "就让我玩一会儿吧"

——游戏会不会让孩子耽于玩乐？ ...036

好妈妈手记：让孩子有充分的时间玩耍

第6种 "大家一起来玩啊"

——怎样让孩子在交流中成长？ ...044

好妈妈手记：放手让孩子去集体中玩耍

第7种 "我想做一只大恐龙……"

——孩子的脑袋里到底在想什么？ ...053

好妈妈手记：那些提高想象力的游戏

第8种 "今天你来做国王"

——我的孩子不会得了妄想症吧？ ...060

好妈妈手记：角色扮演，开发创造力的NO.1

第9种 "我们的手印是彩色的"

——怎样玩游戏才是"有益"的？ ...068

好妈妈手记：小游戏中也能挖掘天赋

第三章

你的故事有魔力——充分放飞孩子的幻想力

第10种 "天上飞着一只猪"
——这孩子总爱说胡话。...078

好妈妈手记：让孩子先学会幻想

第11种 "为什么美人鱼会化成泡沫"
——听个故事，怎么这么多问题？...085

好妈妈手记：给孩子的故事不只是"我说你听"

第12种 "让我给你讲个故事"
——听孩子讲故事，是不是浪费时间？...092

好妈妈手记：鼓励孩子编故事

第13种 "一起把故事画出来吧"
——怎样才能让故事教育更深入？...098

好妈妈手记：讲故事也要"有声有色"

第四章

我家有个"十万个为什么"——好奇是创造力的源头

第14种 "为什么天不是红色的"
——这个问题怎么回答？...106

好妈妈手记：不要嘲笑孩子的任何问题

第15种 "冰化了，就成了春天"
——孩子的说法好像不太对？ ...113

好妈妈手记：永远不要限制孩子的答案

第16种 "这样真的对吗"
——为什么孩子总是爱怀疑？ ...119

好妈妈手记：让孩子的质疑精神来得更猛烈些

第17种 "你觉得这是什么"
——怎样提问对孩子更有益？ ...126

好妈妈手记：学会给孩子提开放性的小问题

第五章

你自己动手试试吧——让孩子的创造力具象化

第18种 "给你一把小剪子"
——让孩子动手会不会太危险？ ...136

好妈妈手记：别禁锢住孩子的双手

第19种 "妈妈，对不起……"
——为什么孩子总能弄得一团糟？ ...143

好妈妈手记：适当容忍孩子的"破坏"行为

第20种 "我学会了，是这样吗"
——怎么带孩子接触世界？ ...150

好妈妈手记：鼓励孩子来模仿

第21种 "蓝色和黄色，怎么变成绿色"

——这个问题有点难，需要解释吗？ ...157

好妈妈手记：让孩子学会探究科学、大胆实验

第六章

比起标准答案，天马行空更重要——保护孩子的创造性思维

第22种 "好孩子，你得自己想想"

——我需要直接告诉他答案吗？ ...164

好妈妈手记：让孩子学会独立思考

第23种 "看到房子，就一定要想到花园吗"

——我们为什么会有一样的想法？ ...169

好妈妈手记：引领孩子跨过思维定势

第24种 "除了这样，还可以那样"

——这孩子想得有点多？ ...176

好妈妈手记：引导孩子天马行空地发散思维

第25种 "看看这片雪，你觉得像什么"

——怎么让他学会联想？ ...183

好妈妈手记：联想是创造的开始

第26种 "你说是，我偏不"

——什么是孩子的逆向思维？ ...189

好妈妈手记：培养逆向思维的小游戏

第七章

激励孩子的创造力，从尊重他们的爱好开始

第27种　"喜欢讲故事，那就再讲一个吧"
——该不该"放羊"式管理？ ... 196

好妈妈手记：孩子的兴趣也需要引导

第28种　"你画得真好看"
——孩子的兴趣和特长到底在哪里？ ... 205

好妈妈手记：应该发现、参与孩子的爱好

第29种　"嘿，这是一棵大树吗"
——抽象画好，还是写实派好？ ... 214

好妈妈手记：从涂鸦绘画中看到创造力

第30种　"我们跟着音乐一起跳吧"
——应该送孩子去兴趣班吗？ ... 200

好妈妈手记：让孩子自由地感受兴趣

第八章

给孩子储备创造力素材——大自然是最好的启蒙老师

第31种　"天气这么好，出去玩玩吧"
——该不该领孩子出去"疯"？ ... 232

好妈妈手记：多带孩子接触自然，进行户外活动

第32种 "妈妈，看这朵黄色的花"

——大自然能教给孩子什么？ ...239

好妈妈手记：让孩子学会享受自然

第33种 "我想去小河对面看看"

——这样的要求应该答应吗？ ...246

好妈妈手记：带领孩子探索大自然

第34种 "比比我们谁更厉害"

——户外游戏是不是可能受伤？ ...252

好妈妈手记：在户外活动中解放孩子的身体

第九章

探索和感悟生活之美——无处不在的创造力

第35种 "这是什么新玩意儿"

——孩子害怕未知事物怎么办？ ...260

好妈妈手记：培养孩子大胆接触新鲜事物的习惯

第36种 "小草又长了一片叶子"

——每天观察动植物是在浪费时间？ ...267

好妈妈手记：让孩子学会观察与发现

第37种 "这是美的，那是丑的"

——孩子知道什么是美丑吗？ ...274

好妈妈手记：培养孩子独立的审美情趣

第38种 "为什么每天的月亮都不一样"

——观察之后，还要调动大脑？ ...281

好妈妈手记：如何培养观察与思考结合的能力

后记 ...288

好妈妈的教育，不焦不躁

在过去开发儿童全脑思维、培养孩子创造力的过程中，我发现一个不焦不躁的积极教育模式是最适合父母和孩子的，简单来说，就是不专制、不娇惯。

在这个教育体系里面，父母不仅仅是父母，更是孩子的玩伴、朋友以及心理导师。我们的教育是始终围绕着孩子的，从孩子的困惑出发，去帮助他们解决问题，让孩子和父母一起从生活中不断体验，亲身感受问题是怎么解决的，最后找到一个解决办法。

你会发现，这样的管教模式很特别，它不是空泛的说教，不是父母对孩子发号施令的专制，也不是父母替孩子将一切都做好的娇惯，而是与孩子一起在"实践"。举个简单的例子，以前孩子不会自己刷牙，这就是一个孩子的困惑和问题，家长要怎么做呢？有的家长选择直接告诉孩子怎么刷牙最好、有什么技巧，然后让孩子去做，这个就是传统的"我教你学"的教育模式，有时候就过于专制，没有给孩子自己尝试、自己创造的机会；有的家长则将一切都给孩子代劳了，明明孩子已经不小，还每天帮孩子刷牙、洗脸，这就太娇惯了。但在"不专制不娇惯"的积极教育模式下，我们可以选择让孩子直接拿起牙刷，让他自己尝试着去休会"刷牙"的行为，而家长在一边观察，孩子一边做，家长一边指导，两个人都参与到这个刷牙的过程里。

在这个过程里，我们都在模拟一个场景，让孩子和父母全部浸入场景之中，去学习、去思考，孩子学得更快、理解更深刻，而父母呢，也将教育这件事具象化了，你们会发现"原来教育孩子就这么简单，就是日常生活嘛"。

当我们脱离传统的父母角色，既不把自己当作孩子的长辈，要求孩子事事听话，又不将自己当成孩子的保姆，给他们包办一切，就能让孩子在新的家庭环境与和谐气氛中成长。这样的教育重视的，就是让孩子和家长都有感悟、有理解，让孩子和家长一起成长。

这样培养出来的孩子的能力，是思维上展现出来的，不是技巧上的。

所以"不专制不娇惯"的积极教育模式，在培养创造力方面效果尤其显著。究其原因，就是因为创造力本身就是一种思维，而不是一种技术。

　　知识可以通过学习得到，学习能力是可以随时建立和培养的，但创新的思维却不一定永远存在。思维方式往往取决于一个人的成长经历，很难在短时间内被改变，所以一个有创造力的、积极创新的思维，是需要长期培养的，这是非常珍贵而且重要的。一个人没有创新能力，就永远不能走在前面，不能赶上最好的发展机会，更难成为一个带头者。哪个父母不希望自己的孩子能发展好呢？我们总希望能在孩子幼年的时候，给他们创造一个无限可能的未来，但是这种未来最终还是要把握在孩子自己手里。有创造力的孩子，自己就能走得很好，家长也会更放心，所以我们要培养孩子的创造思维。

　　培养孩子的创造力，其实也可以说是呵护孩子的创造力。孩子的创造力其实是天生的，是不必刻意培养就有的。但为什么大多数人在成年后丧失了这种天赋呢？是因为在成长的过程中，他们的创造力被磨灭了。

　　我们所说的"培养孩子的创造力"，既是培养，又是保护。确切来说，保护孩子已有的创造力更加重要，只要呵护好他们的心灵，孩子的创造力就会像森林里的小树一样，不必特意浇灌也能长成参天巨木。

　　所以，父母不必将培养儿童创造力看作非常难的事，它并不难，我们只要保证孩子已有的创造力不因为错误的成长方式而消退，他们就能自主地建立起创新思维。有时候，多做反而多错，放手让孩子自己去成长，他们倒是可以发挥出能力来。

　　培养孩子的创造力就是一个减少家长影响力的过程，不要禁锢孩子，更不要强制孩子走你给他们规划的道路。相反，我们要减弱"父母"这个角色在孩子成长过程中的影响，把自己的形象淡化，让孩子学会自己去走、自己去思考、自己去开拓，创造力自然而然就有了。当然，这种"淡化"其实是化实为虚，并不意味着我们就不关注孩子的成长了，而是要润物细无声地去影响他们、指引他们，但不要强制地建立一堵墙来限制孩子，或者给孩子指明一条父母规划的发展道路，也不要替孩子将成长的一切都做好。

　　呵护他们的心灵，培养创新思维，让孩子拥有创造力，其实并不难。难的是，身为孩子的家长如何才能定位好自己的角色，恰到好处地指引孩子的发展。掌握好这个度，孩子就得以更加健康地成长了。

第一章

培育适合孩子
创造力生长的沃土

第1种 "我有一个小问题"

——有个好奇宝宝怎么办？

培养孩子创造力的开始，就是包容他们无限的好奇心。

人类的每一次创造都源于好奇，我们好奇一件事物为什么存在、怎样发展、如何变换，才会产生探究的冲动，继而产生创造。如果一个人连好奇心都没有，对未知没有丝毫探究心，他就永远不能走出思维的牢笼，不可能创造出令人惊喜的成果。

所以，当你的孩子开始变身为"十万个为什么"，当他们将提问当作自己的口头禅，请千万别觉得他们吵闹——恰恰相反，他们正开始用好奇心探索这个世界，而作为家长的你就是最好的桥梁。身为父母，面临这样让我们有些苦恼的"小麻烦"，我们应当是感到惊喜、欣慰的。保护孩子内心幼嫩的"好奇种子"，他们才能随之学会主动观察和思考，并在未来展现出改变世界的创造力；而压抑他们探究的热情，只会让孩子过早地变得无趣而沉闷。

不想让你的孩子变成书呆子？很好，那就别阻拦他们看世界的脚步！

案例一

"爸爸，这是什么？"静静指着儿童书上的一张插图问爸爸。

"这是一只鹅。"爸爸看了以后，发现插图里画的是一只大白鹅，旁边还配了带拼音的小诗，正是骆宾王的《鹅鹅鹅》。

"鹅为什么是白色的？还有它的嘴巴，怎么那么红？还有，还有，鹅的脚也是红红的。为什么我的脚不是红色的呢？"静静立刻追问了一堆问题，"还有，我也可以像鹅一样漂在水面上吗？"

"不行，鹅会游泳，你不会。"爸爸听了这么多"为什么"，感到很头疼，赶紧抓住最后一个问题简单回答了一下。

"那我学游泳之后就可以在水面上划水了吗？为什么鹅不会沉下去？"静静的问题似乎还没完，"还有，爸爸你还没告诉我它为什么是白毛毛、红色脚呢！"

"……哎呀，小孩子哪有那么多问题，等你长大了就知道了。"爸爸头疼地挥了挥手，"赶紧回去做手工吧，幼儿园老师不是给你们布置了作业了吗？"

静静被爸爸拒绝了，有点不甘心地抿抿嘴，情绪一下子低落下去。她小声嘟囔着："那个手工作业要跟爸爸妈妈一起做……"

　　"爸爸今天没空儿，没看到这么忙吗？快，去找你妈妈吧！"听到最后，爸爸已经有点不耐烦了，赶紧将静静赶到了妈妈那里。

　　我们常说要保护孩子的好奇心，其实很多父母并非没有意识到这一点。真正直面孩子好奇心的时候，他们还是退缩了——因为保护好奇心，可不是一项说说就能做到的小工程。孩子并非只会问你"那是什么"这样表层的问题，当他们对一个事物产生兴趣的时候，可以从"是什么"问到"为什么"，越问越深，越问越天马行空，并且似乎完全没有停下的时候，这是孩子好奇心爆棚时最明显的表现。如果不是知识非常丰富又有耐心的家长，可能还真招架不住呢！

　　在许多父母心里，我们是不能在孩子面前展现出"无知"的，更不能表现出烦躁，那怎么办呢？很简单，找个理由把孩子支开，转移他们的好奇心或者借机打消好奇心就是最粗暴但最简单的办法了。所以，太多的"静静"在生活中，被自己的爸爸妈妈一步步磨掉了与生俱来的好奇。

　　"当我的孩子不再问'为什么'，我会感到害怕。"这是一位母亲曾写下的一句话，而我深以为然。当他们不再提问的时候，他们的世界就定型了，他们最快速的成长期就结束了。

当然，这并不意味着我们要对孩子的问题"有求必应"，做到另一个极端也并非好事。

案例二

小凯妈妈在孩子的教育上非常上心，经常阅读一些教育书籍并实践在生活中。她认为，保护孩子的好奇心非常重要，所以每当小凯对外界事物产生什么疑惑或者想法时，就算小凯妈妈自己也不知道，她也不会敷衍对待，而是认真查阅资料后告诉孩子。

"妈妈，今天天真蓝！天为什么是蓝色的呀？"

"那是因为太阳光是由七种颜色的光组成的，天空很喜欢蓝色光，就邀请它们留下来，所以天就染成了蓝色。"妈妈解释道。

这样的场景，在小凯的生活中随处可见。小凯在妈妈的培养下，也成了一个博学多才的孩子。但最近，小凯妈妈却发现孩子虽然有好奇心，却没有探究心。

"妈妈，这个是什么？"

"妈妈也不知道，等一会儿妈妈给你查查。"小凯妈妈突然想到，也可以让孩子自己去探索、研究一下，就随口说了一句，"你有时间的话，也可以自己去查查呀！"

"那算了，太麻烦了！妈妈告诉我就行了。"小凯说。

妈妈这才发现，孩子似乎把自己当成了"有求必应"的百宝箱，他自己没有去解决问题的冲动和想法，只想从妈妈那里获得答案。

好奇心只是创造力的基石，如何将好奇心真正转化成创造的动力呢？我们需要具备另一种习惯，那就是"行动力"。孩子要有好奇，更要有因为好奇而想动手操作的欲望，当他们决定自己亲自探求结果的时候，就在不断地实践动手能力，不断提升行动力。只有在好奇心和行动力的"双重夹击"下，他们才能创造出新东西。

好妈妈手记：小心地呵护孩子的好奇心

要做一个好妈妈，我们应当呵护孩子的好奇心。不仅要保护他们与生俱来的好奇，还要引导他们好奇的幼芽茁壮成长，让孩子在成长的过程中始终保持着童年时代的好奇与行动力，最终他们一定会成为善于创造的人。

要做这样的父母，要实行这样的教育，首先我们要正确看待孩子的"为什么"。**孩子的每一次提问，都是在跟父母交流，都是在小心翼翼地展现他们对世界的态度，所以一个问题承载的是孩子的一个看法甚至是一种价值观，你如何回答，决定了他们如何看世界。**

关于这方面，我们有以下几点建议。

1.孩子的提问是由浅入深的，千万不要因为答不出而感到焦虑。我观察过很多父母，发现他们一开始对待孩子的问题都是很耐心的，直到一种情况出现——孩子提出的问题父母无法回答。每当这时候，父母就会产生一种"力不能及"的焦虑感，他们会担心自己在孩子面前的威严受损，所以态度相对就会较为急躁、不耐烦。

我们不能指望孩子永远将问题停留在"这是什么"的阶段，而是要直面他们问的"这是为什么"。当孩子开始问"为什么"时，说明他们从浅层的认识进入了深层的探究中，他们开始思考了，而不仅仅是观察，父母应该感到欣慰，而不是觉得很难回答而拒绝他们的问题。

2.在孩子们面前，父母不要因为教育态度而产生龃龉。这个情况在父母对教育持有不同看法时很容易出现，有的父母一方对孩子的问题很不耐烦、态度并不好，这时另一方就会感到不满，他们会不满于自己的伴侣采取了不适合的方式教育孩子，并因此当着孩子的面指责乃至争吵。

这种行为看似在维护孩子的权益，看似是为了他们好，事实上却让旁观的孩子因此产生压力与愧疚。因为问了一个问题，导致父母之间产生了摩擦，孩子就会逐渐避免询问父母，这反而阻挡了孩子探究世界的脚步。

3.即便孩子的问题再幼稚，也不应嘲笑或者批评。有些父母很期待孩子问问题，但他们似乎对孩子的期待度太高了，总希望能从儿女的每个问题上看出他们的成长，看出自己教育的成果。但是孩子怎么会完全按照父母理想的样子成长呢？他们对世界的认知很有限，大多数问题都是没什么意义的，有些还是常识性的，是父母曾经解释过的，当遇到这种问题时，一些爸妈就会显得很不耐烦。

"不是跟你说过了吗？怎么还问？"

"这么简单的问题，你自己去看看不就知道了？"

"别拿这么幼稚的问题来问我，你可以自己去解决。"

……

这样的态度并不会让孩子成长，反而让他们失去了问问题的乐趣和勇气，甚至为了不被父母斥责而硬生生压抑自己好奇的天性。

那么，有些孩子表现得并不是很好奇，甚至不愿意问"为什么"，就算父母有一万种正确的应对办法也没法施展，这种情况该怎么办呢？不管是孩子天生缺乏好奇，还是在过去被外界压抑了好奇心，我们都要对他们进行引导和纠正，把孩子重新引到好奇探索的道路上来。

下面几个措施，就可以供父母参考。

1.一个产生好奇心的环境很重要。小孩子有好奇心，但更有安全意识，当周围的环境不能给自己提供安全感时，他们会适当收敛好奇心，并不会无警惕地到处探索。这个结论会让不少父母感到安心——"原来我们的孩子并不是毫无警惕心的"，但这也给我们帮助孩子塑造好奇心的工作带来了一些压力。我们必须要保证孩子所处的环境能给他们提供安全感，而且具备丰富的信息，这样孩子才能大胆地探索，并且从生活中找到探索的乐趣。

孩子的生活环境需要建设得更加丰富多彩，多样的颜色、不同的元素、稀奇古怪的装置等，都能让孩子好奇。如果过于单调，就仿佛将孩子关进了一间什么都没有的小屋，他们无法接触到新鲜事物，自然就没办法发挥好奇心了。

2.别试图用成年人的思维理解孩子。 成年人的思维是定式的，我们在看待一个问题前，都有常识、经验和思维习惯来打基础，所以能想到的方面、能发散的内容就很局限，这也是很多成年人缺乏创造力的原因。但孩子则不同，缺乏常识是他们最大的劣势，却也是最大的优势，这让他们的思维天马行空、不受约束，所以当孩子提出一些看似"可笑"的想法时，父母千万不要直接纠正，而是要鼓励他们多思考、多想象。别用成年人的思维禁锢你的孩子，如果可以，让自己也尝试抛弃惯性思维，用孩子的角度看这个世界吧！

3.不要每次都给出孩子标准答案，我们可以一起探究。 做一个不爱给孩子解答问题的妈妈，会扼杀他们的好奇心；做一个过于博学多才的妈妈，会让孩子产生依赖感，失去动手能力。哪怕你知道问题的答案，也可以先不告诉你的孩子，而是帮助他们、引导他们，和他们一起去探究结果。孩子可以自行找到解决问题的办法或答案，这会让他们更加自信，更有好奇心和行动力，所以适当地当一个"傻"妈妈还是很有必要的。

　　好奇是打开创造力大门的钥匙，要一个孩子产生好奇心很容易，要维护他们的好奇心却很难。这是一个漫长的过程，需要父母用耐心去浇灌。

"妈妈，我想试试这个"

——孩子的选择跟你不同怎么办？

什么样的孩子才是有创造力的？

关于这个问题，不同人给出的答案不尽相同，但可以肯定的是，**有创造力的孩子必然是有主见的**。我们在创造新生事物的时候，总会面临各种各样的阻碍，经历各种各样的困难，一个没有主见的人，很难坚定地选择自己的方向。所以培养有创造力的孩子，就一定要注意培养他们的自主能力，让他们学会依据自己的选择去做事，而不是永远参考别人的建议。

孩子不是父母的附属品，他们总有一天要离开家庭温暖的港湾，去外界迎接狂风骤雨。想让孩子在那时创造出属于自己的一片天空，我们就得提前让他们意识到外面的世界是怎样的。总有一些家长把自己的孩子想象成全能的超人，在他们成长的过程中，不教会他们如何去自主地做选择，不教给他们怎样创造，却在他们长大后，抱怨他们没有创造力，没有自主意识。这岂不是太过苛刻了？**要知道每一个孩子长大后所展现出的能力，都源于在成长过程中从父母那里汲取过的养分。**

所以当你的孩子开始表现出独立性，开始愿意自己思考，并根据思考的结果去做出选择时，你应该感到惊喜。不管这选择的结果是好是坏，也不管他们的选择是否与父母相同，你都应该鼓励他们去尝试。人生就是由无数次的自我选择组成的，随着他们逐渐成长，选择的机会会越来越多，如果你的孩子不会自己做出选择，总愿意听取别人的建议，就一定会成为随波逐流的大众，而这样的人是很难发挥创造力的。

创造本身就是在走一条和别人不同的路，只有能够坚定信念、会自己进行抉择的孩子，才能够发挥出自己的创造力。所以当孩子们面临需要选择的困难时，当他们产生自我选择的冲动时，身为父母不应该阻拦他们，哪怕你觉得孩子选择的结果不那么尽如人意，哪怕你觉得他们走了一条错误的道路，也应该鼓励他们去尝试一下。因为只有自己选择了，才能真切体会到什么是对的，才能在下一次做出更好的决定。

案例一

蒋老师是少年宫小记者团的领导老师，负责小记者团的招生。想报考成为小记者并不容易，每个孩子都需要经历至少三次考核，在笔试和面试之后才能被选中，所以这样的名额很值得珍惜，也是孩子们辛苦努力得来的。

萱萱就是今年新招来的小记者之一，但是刚来小记者团上了两三节课之后，萱萱就不来了。蒋老师感到非常疑惑，专门给萱萱妈妈打了好几通电话，询问萱萱的情况。

　　"萱萱觉得没有意思，不想去啦！真不好意思呀蒋老师。"电话那边，萱萱妈妈这样说。

　　蒋老师觉得有点奇怪，萱萱明明表现得很积极，看起来也对小记者团的课程培训很感兴趣，为什么会突然觉得没意思呢？虽然觉得很遗憾和疑惑，蒋老师还是答应了萱萱妈妈的请求，给萱萱办理了退出手续。

　　没想到几天后，跟萱萱一起来的另一个学生却告诉她，其实萱萱很想继续参加活动，但因为她妈妈给她报了奥数班，担心她时间冲突了，所以强制不让她来的。萱萱为了这件事，在家里哭闹了好几次，还专门托自己的朋友跟蒋老师道歉。

　　这让蒋老师非常挂心，她又给萱萱妈妈打了一通电话，跟她沟通了好久，终于让她认同了"要尊重孩子自己的选择"，答应萱萱来参加活动了。萱萱终于又来了，但她说，经过这次意外之后，她跟妈妈之间出现了很大分歧，在感情上也受到了伤害。

　　萱萱为什么会觉得自己的感情受到了伤害呢？究其原因，还是因为妈妈没有尊重她的想法，只是一味地按照自己的意愿去安排萱萱的生活，所以才让她感到了不适。伴随着孩子逐渐长大，他们会越来越有主见，遇到事情不再只听父母的安排，而是愿意表达出自己的意愿和选择，这就是成长的标志。只有孩子愿意主动表达意愿，愿意做决断并为自己的选择负责，他们才能成为一个有想法的人——继而才会拥有无穷的创造力。

所以，当孩子们开始表达出与父母不同的看法时，千万别觉得这是他们在"反抗"家长的权威，你应该为此感到开心，并尊重他们的选择。因为，父母的选择未必就是对的，孩子的选择未必是错误的，我们不能用成年人的思维去安排孩子的路，那其实是将孩子的未来给圈住了。

想让孩子成长为比你更加优秀的人吗？那就放手让他们自己去选择、去成长，如果凡事都是父母代劳，孩子未来的发展绝对不会比父母更高，因为你已经按照自己的想法和经验去禁锢他的前途了。

案例二

晓飞从小就是个倔强的孩子，特别有自己的"主意"，这让父母有些时候感到很头疼。比如上个月，晓飞在爸爸的带领下去了体育馆，第一次体验了击剑，就闹着要学习击剑。

爸爸说："你已经报了好几门课外班了，哪还有时间学击剑？再说了，这个体育项目如果以后不坚持，那学了也没用；就算你坚持了下去，难道想当运动员？那可太累了，还是好好学习要紧。"

听了爸爸的话，晓飞不为所动，还是坚持要学击剑，他还说："我一定能坚持，你就让我试试吧！万一我学成了呢？"

一家人都觉得，晓飞想学击剑甚至想当运动员的愿望实在是太远了，运动员哪是这么好当的？天赋、勤奋缺一不可，还会耽误文化课学习，怎么看都不是好的选择。

晓飞发现父母一直不愿意，最终只好放弃了，从那以后，他再也不说学击剑的事了。

直到昨天，爸爸在看电视时看到了中国游泳运动员拿金牌的直播，非常兴奋地说："你看看，这小伙子才21岁，就能给中国争光了，你以后要是有他一半的出息我就知足了。"

晓飞郁闷地说了一句："我也想啊，可是我想学个击剑你都不愿意，哪还有机会拿金牌？"

爸爸被晓飞的话惊住了，想了半天也不知道说什么好。

做父母的都希望孩子能有一个美好的未来，如果能顺顺利利、安安稳稳那就更好了。所以在需要冒险的时候，我们会下意识地为孩子选择一条更稳妥的道路，却不知道"稳妥"的另一面就是"平庸"。然而每个父母都是不甘让孩子平庸的，这就是一个非常普遍的矛盾。

就像晓飞的爸爸一样，一方面希望孩子能有出息，一方面却阻碍孩子发展，如果他能答应晓飞去学击剑，也许晓飞就可以发挥在这方面的长处与天赋，最终成长为一个优秀的运动员。但他没有，在孩子的选择有风险时，他下意识驳回了，只希望孩子按照自己规划的"稳妥"路线成长，这就是阻碍了孩子的发展。可以想象，这样的情况多发生几次，晓飞的潜力就会被父母约束，最终无法发挥出自己在某方面的长处。

不要认为孩子只有在长大成人之后才会做选择，当他们有自主选择的意识时，你就应该尊重孩子的意愿。要知道，没有人是一下子就学会"杀伐果决""果断干脆"的，判断力和决策力都源于小时候的不断培养，创造力当然也是如此。只有孩子从小就能意识到自己想要什么，并且实施自主选择的权利，他们才能在长大后发挥出足够能力。

好妈妈手记：尊重每个孩子的选择

尊重每个孩子的选择，有时候并不是说说那么简单。面对孩子极有可能是"错误"的选择，我们是否应该纵容？如果孩子习惯依赖父母，压根不愿意自己做选择怎么办？这些问题，我们都应该在教育时一一解决，希望以下几点建议可以帮助到你们。

1.在孩子不明白如何选择时，进行适当的指点。

在刚开始自己做决定时，孩子的内心都是忐忑的，他们不清楚自己做得对不对，所以来自父母的肯定和指点非常重要。我们要鼓励孩子自主做出选择，但并不意味着在他们遇到困难时也视若无睹，独立需要一个过程，发挥自己的创造力也应该有人引领，所以当孩子不明白该怎么选择时，家长提出一些自己的建议，给孩子分析利弊，对他们进行指引还是有必要的。

需要注意的是，**我们要做的是顾问的角色，可以给孩子提供指导，但尽量不要替他们做决定。**这样一来，就失去了让孩子自主选择的意义了。

2.不要给孩子太多的选择方向。

做决定就是在做选择题，备选的答案越多越难选。虽然每个有创造力的孩子，想法都是天马行空的，绝对不会局限于几个简单的答案，但这样的能力并不是一开始就有的。很多家长为了让孩子能独立、灵活、有创造性，常常给与孩子绝对的自由，让他们可以做出任意的选择，其实这反而会让你的孩子感到茫然。

比如穿衣服，以前都是父母给孩子搭配，如果你突然告诉他"今天你想穿什么都可以，自己挑"，孩子反而会不知所措，并不能发挥出什么创造力和决断力。这时候，你应该循序渐进，先给孩子在小范围内选择，比如"想穿什么颜色的长裤""要不要戴帽子"之类，慢慢让孩子学会自己选择。

3.给孩子选择权，就是给他们信任。

当孩子的选择跟你不同时，你一定要给孩子信任。很多父母不愿意让孩子自己做选择，就是因为觉得孩子"太小了""什么都不懂"，这就是一种不信任的论调，是对他们能力的低估。当你低估了孩子的能力，过早地将他们圈在你认为的能力范围之内，孩子就无法做出让你惊喜的成就。所以，给孩子信任，他们才能还你惊喜。

当然，必要的时候我们还是要给孩子合理的建议，关键时刻这种建议还可以"强硬"一些，防止孩子真的做出错误的选择危害到自己。但要把握好这个度，在多数时候还是尊重孩子自己的意愿，和孩子多交流，这才是正确的处理办法。

4.让你的孩子学会自我判断。

只有能正确评价自己的能力，孩子才能做出更加合理的选择。比如，在学习和玩耍这件事上，如果孩子了解了自己的学习效率，就知道该怎么安排才更好，就知道在什么时候做什么事。如果他高估了自己的学习能力，就会出现玩太多、学太少的情况，这就是错误判断导致的错误抉择。所以，认识自己是做判断的基础，只有知道自己是什么样的，才知道该做什么、该选什么。

5.欣赏孩子选择的结果。

孩子做出选择之后，其实是期待父母肯定的，所以我们要学会欣赏他们选择的结果。多给孩子一些鼓励，不要吝啬你的夸奖，这会让你的孩子在下一次选择时更加自信。创造力是怎么来的？就是孩子敢于做出和别人不同的选择，所以才能创造新东西，这必然源于孩子在某方面的自信。所以，培养他们做选择的自信，他们才敢于做出各种令人意想不到的抉择，并在这种抉择当中找到不同的人生出路。

自我选择就是一种探索，既是对人生的探索，也是对世界的探索。这样的探索机会在成长中非常珍贵，是一次不能重来的旅程。既然如此，我们就应该尊重他们的选择，给孩子一次成长的机会，他们才能在培养起选择能力之后，拥有创造力。

"妈妈，我厉害吧"

——一点小成就，需要鼓励吗？

　　每个孩子都是天生的艺术家，每个艺术家也都是孩子。在艺术领域，如何保持一颗孩童般的心灵非常重要，这决定了你能不能创造出美好的作品。

　　所以我们可以认为，孩子的创造力其实是天生的，是不必刻意培养就有的。但为什么大多数人在成年后丧失了这种天赋呢？是因为在成长的过程中，他们的创造力被磨灭了。

　　我们所说的"培养孩子的创造力"，既是培养，又是保护。确切来说，保护孩子已有的创造力更加重要，只要呵护好他们的心灵，孩子的创造力就会像森林里的小树一样，不必特意浇灌也能长成参天巨木。

　　想呵护孩子的创造力，不断鼓励孩子是非常重要的。不要认为"骄傲使人落后"的下一句就是"鼓励使人骄傲"，哪怕是一点点小成就，来自父母的肯定和鼓励都能让孩子产生进步的动力。

母亲是孩子的第一任老师，在孩子的幼年时期，母亲的角色比父亲更加重要，孕期的心血相连和哺乳期的悉心照料，会让孩子更加亲近自己的妈妈，有一个愿意呵护、鼓励和肯定他们的母亲，他们会更有安全感和自信。越是幼小的孩子就越敏感脆弱，别看他们看似什么都不懂，其实内心始终在忐忑接收着来自外界的信息，不仅我们觉得孩子是柔弱无力的，孩子自己也这样认为。

所以，走出父母营造的港湾对孩子来说是很需要勇气的，他们需要有人告诉自己"你做得很好""你可以自己去面对世界""你很厉害"，也需要有人始终站在不远处为他们保驾护航，他们才能更快地走向成熟和成长。父母就是这样的角色，所以我们要做的不是打击孩子，而是不吝啬地鼓励他们，不断给他们建立安全感与自信意识。这样培养出的孩子，才是勇于探索、敢于尝试的。

案例一

琳琳上幼儿园后经常有手工课，老师会带着孩子们做一些小制作，琳琳总能完成得很好。而这一次，老师给孩子们布置的手工任务是粘一个纸质的小房子，别的小朋友都是普通的单层小房，琳琳却利用一个鞋盒做出了"小别墅"一样的两层小屋，还能看到里面的小桌子、小柜子。别说小朋友们了，就连老师都夸奖了琳琳，还专门将她的作品放在课堂上展示。

回家时，琳琳小心地抱着自己的作品，一心想给爸爸妈妈看一下，一进门就拿给他们，期待他们的表扬。没想到妈妈正在做饭，看到琳琳的作品之后也只是瞄了两眼，随口说："好了，一会儿就吃饭了，吃完饭再看，要不拿给你爸爸看吧！"

琳琳有点失望，但是也知道妈妈在忙，就去给爸爸看了。爸爸正在看报纸，看了琳琳的小作品之后，只是点了点头，反而问起了她今天的课程上得怎么样。考了琳琳几个问题，发现她答得不太好后，爸爸就有点不高兴："以后别老想着做什么手工，这些破纸盒子有什么用，还是好好学习。"

琳琳失望极了，还很委屈，回去后越看自己的作品越难过，最后把它剪掉扔进了垃圾桶。从那以后，她就失去了以前上手工课的积极性。

琳琳并没有做错什么，相反她还发挥出了自己的创造力和动手能力，做出了跟别人不一样的好作品。但是父母的忽视和反对，没有让琳琳得到应有的鼓励，反而表达出了"不赞同"的意思，这对幼小的孩子来说是极为严重的。没有足够判断能力的琳琳就此以为自己做手工是"错误的"，是"不务正业"，因此失去了尝试的积极性。

如果父母能给琳琳好的反馈，鼓励和帮助她，琳琳的创造力绝对能得到进一步提升，她也能发挥自己在这方面的特长。但是父母没有给她营造出这种安全感和自信，反而让琳琳更多地关注到了自己的缺点，只能打击到她。

根据研究，几乎90%的优秀人才，在幼年时期都受到过或多或少来自亲人的鼓励和帮助，其中母亲的角色出现频率最高。这种积极的鼓励，并不是夸大的炫耀，而是用好的、向上的方式来形容和肯定孩子的行为，多关注孩子的优点，淡化他们的缺点。

这样的方式对于一个成人而言，安慰意义大于实际意义，因为我们早已过了那个靠别人鼓励过日子的年纪；但对于儿童来说，简直就是瞌睡来了枕头、久旱逢了甘霖，绝对再合适不过了，这也就是俗称的**"暗示教养法"**。

如果我们没有给孩子积极的暗示，就会发现他们对一件事的专注程度在不断减弱，做出的成果甚至一次比一次差——这一切的罪魁祸首可不是孩子，而是没有给他们足够支持的父母。

案例二

坤坤是个很有好奇心的孩子，见到不懂的新奇事物总要探究一下。夏天，妈妈第一次带坤坤回到了乡下老家，面对自己没见过的一切，坤坤的好奇心一下子爆发了，每天都想出去玩。

在乡下出门玩耍，难免会弄脏衣服，更何况坤坤专门往地里、林子里钻，一个不注意就跟老家的孩子们蹿进了田里，更是每天沾着一身泥巴。妈妈看了很发愁，光是收拾孩子的衣服就得多麻烦呀，她就想让坤坤在家里老实待着，别到处跑了。

可是晚上，听到坤坤说："妈妈，表哥今天带我认识了很多种菜，我还见到了金色的大虫子，和手指头这么长的毛毛虫！"妈妈一下子打消了阻碍他的念头，反而鼓励道："那你今天学会了不少新东西呢，这可真有意思。"

晚上，妈妈就给坤坤收拾了几件容易清洗、柔软便于运动的旧衣服，让坤坤每天穿着出去玩。

坤坤的行为给妈妈带来了困扰，但她却选择了鼓励孩子、支持孩子，就是因为孩子在玩耍中成长了，好奇心得到了满足，而且孩子也愿意主动去探究和学习。这就是孩子在锻炼自己的学习能力和探究力，而这些都是我们在课堂上苦苦想要为孩子培养的能力，既然孩子能够通过玩耍得到，为什么不鼓励呢？

所以妈妈选择了鼓励坤坤。可以想见，坤坤将会用更积极的态度去发挥和培养自己的这些能力，而这些又最终影响了孩子能否展现出自己的创造力。如果妈妈选择了呵斥和阻碍，并没有鼓励坤坤的行为，他失去的将不仅是一个玩耍的机会，更是属于孩子的好奇和探究之心。

想让孩子学会创造，就不要怕他们做不好，而是要不断肯定他们做得好的地方。不管你的孩子表现如何，都要从中找到闪光点并鼓励他们，这样孩子才能塑造自信不断成长，并不断提升自己的创造力。

> **好妈妈手记：学会鼓励，给孩子自信**

我们都希望我们的孩子拥有最快乐的童年，所以你需要学会如何去爱你的孩子。学会认识你的孩子有多么令人惊叹的才能，学会赞美他们，可以让孩子更多地感受到你的爱。

一个在爱中长大的孩子会更具有自信，也更有创造力和想象力，他们能够建立起更加完善的人格。而鼓励与赞美也能帮助孩子们树立自我认同感，让他们不管做什么都更积极，也更加主动。

那我们应该怎样赞美和鼓励自己的孩子呢？

1.当你的孩子做得很好时，你是否会发现自己在说"好孩子"或者"真是个好姑娘"或者"你真聪明"？我知道赞扬很重要，但这种表扬可能弊大于利。

表扬孩子时候，你要把你的陈述集中在孩子的行为和努力上，而不是特征上。最好是说"我可以告诉你，你真的很努力"而不是"你太聪明了"。研究表明，当孩子们因为努力而受到表扬，后来遇到了困难的问题时，他们往往更努力地工作并不断尝试。然而，当孩子总是被告知他们有多聪明，一旦遇到了困难的问题，他们可能会放弃。

为什么会这样？当你称赞他们的智慧时，说："哇！你一定很聪明！"你让他们相信，他们在生活中取得成功的能力来自他们无法控制的东西——天生的聪明或者其他什么内在的东西。这很容易让他们对自己产生错误的认识，进而无法以正确态度去对待挫折或者未来可能遇到的问题。

然而，当你称赞你孩子的努力时，你会说："哇！你真的很努力！你干得很好。我为你所付出的努力而感到骄傲！"你正在帮助你的孩子相信，他们成功的动力来自他们所做的行动，这让孩子更有底气去尝试和改变，因为"努力"远远比"聪明"更能让孩子产生自我认同和自信，这是一种可控的，孩子可以通过自己的行为去提升的能力。

2.我们要鼓励孩子的行为，肯定他们的想法，前提是这些行为和想法都是客观上正确的，千万不要无原则地去鼓励和肯定，更不要去纵容。

有些父母认为，当我们要多说"你真棒"的时候，就是对孩子所有的行为都予以嘉奖。这倒是能促进他们自信心的成长，但也一样会导致孩子是非不分，影响世界观的建立，负面影响大于正面影响。

所以，适当的约束，给孩子建立规则意识和世界观，对帮助他们培养创造力、培养自信心也是很重要的。

3.不要怕孩子去破坏，鼓励他们动手。

研究表明，孩童时期培养动手能力，将会让孩子更好地展现自己的创造力。但"动手"就意味着可能给家长带来麻烦，很多孩子都会在表现动手能力的过程中，无意识地破坏东西、弄脏衣服、弄乱屋子……也因此，很多家长都不愿意孩子去动手尝试，总希望他们能"安安静静"的。

千万不要把孩子动手探索的行为看作单纯的"闯祸"，这其实就是一种对世界的自主探索，而下一步就是自主创造。你是不是留意过，很多孩子在"闯祸"的同时，都会根据自己的想法创造出一些新东西呢？别管那些有没有用，也不要用成人的价值观去评判它们的好坏，你应该做的就是鼓励你的孩子——要知道，你一直梦想给孩子培养的创造力，就在这一刻展现出来了，你还有什么理由不感到开心，不赞美他们呢？

"我的世界无限大"
——孩子应该走怎样的发展道路？

父母对孩子的爱是无止境的，有人说，从孩子一出生开始，女人就不再属于自己了，而是属于自己的孩子。每个女性在进入"妈妈"的角色后，都会不自觉地开始围着孩子思考，想要为他们安排好一切。所以，关于孩子将来会成长为怎样的人，走什么发展道路，相信是每个母亲都没少考虑过的事情。

经常有妈妈会问我："你觉得孩子走怎样的发展道路比较好？"我知道，这句话的意思就是"我们应该用什么方式来培养孩子"，因为很多时候，往往是你的培养、教育方式决定了孩子走怎样的发展之路。而我的答案始终是一样的，那就是"我也不知道"。

没错，我并不知道孩子"应该"走什么发展道路。确切地说，我不认为孩子的成长中，还有"应该"这个选项。什么是应该的？培养一个学习好的孩子是应该的吗？还是说让自己的孩子乖巧懂事是应该的？不，父母的职责是教育孩子，但并不意味着我们有决定孩子发展道路的权利。你的孩子走怎样的发展之路，应该是他们自己选择的。

陶行知说过："孩子的成长和发展需要有一个宽松的、开放的、积极的引导环境，需要在父母的热切期望和等待中来迎接孩子的成长。"几十年前的教育者尚且明白这个道理，现在的父母们又有什么理由违背孩子的天性，去自行决定孩子的发展前途呢？

案例一

张宇要读小学一年级了，父母都希望他学好数学知识，培养好数理思维，将来做一个工程师或者研究者。

"学好数理化，走遍天下都不怕！"这是张宇的工程师爸爸坚信的，他希望孩子将来也走跟自己一样的路，子承父业可以获得更多便利，而且拥有一技之长，怎样都能过上好日子。

虽然张宇的妈妈觉得现在谈论这些为时过早，但是也同意爸爸的看法，毕竟数学是很重要的学科，孩子不能掉链子。

但是张宇却非常排斥数学，尤其是父母天天强调要好好学习数学，一旦表现不好就要各种批评，更是让张宇产生了对数学的厌恶。相反，他有着天生的浪漫思维，还没上学就可以写出非常有条理的小短文，喜欢阅读和演奏钢琴，会背很多诗歌，经常有人夸奖他："这孩子将来一定会成为一个艺术家或者作家！"

然而爸爸却没有肯定这一点，也没有对张宇这方面的才能进行特殊培养，反而还是坚持给孩子报各种数学补习班，导致张宇更不喜欢数学了。

张宇的爸爸一厢情愿地按照自己的想法去培育孩子，反而遏制了孩子的发展前景。张宇在艺术、文学领域展现出了创造力和天赋，但是父母却没有重视，而是一直坚持让孩子学习数学知识，甚至到了影响孩子学习积极性的地步，这就是一种错误的教育。积极教育当然是值得鼓励的，但过于积极其实就是剥夺了孩子自己的选择权。**热衷于替孩子选择、替孩子决定的父母们不妨冷静一下，问一问自己："你到底是在培养一个孩子，还是在弥补自己当年的遗憾呢？"**

不要用我们的理念去理解孩子，也许你的孩子会有不同的想法和选择，也许他们将来想走的路、适合的路，并不是我们为他选择的路。而只有找到适合的路，孩子才能真正发挥出自己的能力。不可否认，让孩子多学一点东西不是坏事，谁不想让自己的孩子有更多所长呢？但你也要知道一个前提——你的孩子是否喜欢、能不能接受？有些家长总是一厢情愿替孩子安排发展道路，反而忽略了孩子的自身意识，这就是本末倒置了。一不小心，孩子还会产生厌恶、抗拒情绪，更会给他们认识自己、认识未来带来不必要的阻碍。

案例二

小柳去年考上了国内知名大学，很多人都来问他的妈妈，到底是如何教育出这样的孩子的？

小柳的妈妈总是羞涩地说："真没怎么教育，都是孩子自己闯出来的。"

小柳的妈妈是个清洁工人，爸爸常年在外打工，两个人文化水平都不高。因为觉得自己教不了孩子太多，小柳妈妈很少干涉孩子的学习，从小柳上小学开始，就非常尊重他自己的意见。她总是说："妈妈也不懂那么多，你可以自己考虑一下该怎么选。"所以从小，小柳就养成了自己做决定、自主发展的能力。

而小柳妈妈虽然不懂知识，却懂得教育，知道什么时候该鼓励孩子，什么时候开导他，也知道在他沮丧、烦躁的时候应该怎么帮他排解情绪。她用自己的生活智慧帮助小柳成长，却不干涉也不给他学习压力，反而让小柳成了一个自学能力极强而且品学兼优的人。

其实，好的家庭教育并不意味着"用力过猛"，过于关注孩子的成长，细心到连孩子学什么、怎么学都恨不得代劳，并不能培养出好孩子。小柳的家庭虽然没能给他带来知识上的帮助，但他的母亲教会了他如何去做一个好人，如何用生活智慧去处理困难，教会了他学习的态度，这就比教给他任何知识都有用。所以，好的教育不是"多"的教育，培养和呵护孩子的求知欲，让他们学会自己去探索，可比我们给他们划定好成长路线要好得多。

好妈妈手记：给孩子自由发展的无限空间

每个父母都应该给孩子自由发展的无限空间，我们不应该过多地去思考"孩子将来要如何发展"，而是要认同"孩子自己想如何发展"。父母终究不是孩子永远的引导者，他们总会成长，甚至比我们更加强大、更加优秀，这时候你还能替他做人生规划吗？显然不行。既然如此，不如相信你的孩子，相信他们自己的发展潜力，孩子往往能展现出出人意料的天赋和能力。

我们该如何让孩子得到自由发展呢？

1.尝试给你的孩子独立空间。

给孩子一点空间，给他们一点耐心，他们才能成长。想培养孩子的创造力就是如此，你得让孩子有创造的机会，而创造显然不是"砰"的一下就能出现的，需要长时间累积才会产生质变。所以，给孩子自由发展和探索的独立空间很重要，这个独立的空间有多大，决定你的孩子可以有多大的创造力。

在这个独立空间里，只要孩子没有做出伤害自己或者损害他人的行为，父母就应该给他们自由。而这种自由是必要的，只有在完全自主的环境下，孩子的天赋和本性才能展露出来，才能发挥他们与生俱来的想象力与创造力。如果有外界干涉，你的孩子就很可能被限制了发展前景。

2.给孩子独立支配时间的机会。

给孩子空间只是一方面，另一方面我们还要给他们时间。很多时候，妈妈们总是不相信自己的孩子有安排时间的能力，觉得他们一定会把自己的生活安排得一团乱，肯定会每天玩耍，从不学习或者探索……其实，这都是我们自己在想当然，你的孩子还没去做过，没有适应过，你就急着给他们定性了吗？难道这一点信任都不能给他们？

其实，孩子们在刚开始支配时间时，难免会出现没有自制力的情况，喜欢更多地随着心意去做事。但当他们体会到不遵守规则、错误安排时间带来的后果时，就会自觉地改变自己的安排，这就是培养自制力的过程，也是孩子独立思考、独立选择的过程。如果你总是替孩子安排好一切，永远告诉他们何时该做什么，反而会让孩子失去培养自制力的机会。

3.让你的孩子自己判断对与错。

一个选择到底是对的还是错的，不应该是我们去判断，而是孩子自己判断。**判断力是创造的一环，只有能清醒判断对错的人，才知道怎样做能创造出好的东西。**一个优柔寡断的人是很难创造出新东西的，只要面临挫折或者不赞同，他们就能立刻失去正确判断，开始犹豫不决。所以，一个能创造的人，一定要笃定自己的选择是正确的，也要有做出正确选择的能力。如何做到这一点？当然不是你告诉孩子对与错，而是要孩子自己在经验中去学习。

创造力的培养是多方面的，一个能创造的孩子不仅需要有想象力和思考能力，还应该是个明白自己要什么的人。如果我们总掌控着孩子的发展未来，不给他们自己思考的机会，他们就永远走不出父母的影响。

第二章

寓教于乐——让创造力
在游戏中发芽开花

第**5**种 "就让我玩一会儿吧"

——游戏会不会让孩子耽于玩乐？

玩耍仿佛是孩子的天性，没有一个孩子是不喜欢玩游戏的。如果你的孩子告诉你："妈妈，我喜欢学习，不喜欢玩。"千万别急着欣喜于他是一个热爱学习和进步的孩子，你反而应该感到恐惧。

因为这意味着他丧失了自己的天性，开始学会向成年人的规则低头，开始学会约束自己。这不是孩子成长的过程，这是在逐渐磨灭他们的好奇心，磨灭他们的创造力。

孩子的创造力应该在符合他们天性的环境当中得到培养，一个压抑的违背孩子内心真正需求的环境，并不能让他们产生创作的灵感，也不能让他们发挥自己天马行空的想象和无止境的好奇，因为他们会下意识地排斥这些，又怎么会产生探究欲望呢？所以，**我们的教育主张的并不是让孩子学会更多的东西，这些在他们长大后能力得到发展之后都会自然而然学会，**

我们更多关注的是，孩子到底有没有学习的能力，有没有好奇心和探究欲望。只要有好奇和探究欲，你就不必担心他们将来没有创造能力，不必担心他们不能好好学习。

而好奇心和探究欲可以在什么环境下得到培养呢？很简单，就是在玩耍当中。孩子将玩耍当成工作，天生就对它投以十二万分的热情，在这件事上，他们永远不会缺少好奇心和探究欲望。在玩耍的过程中，他们不仅可以获得知识、得到乐趣，还能培养出你所想不到的能力。

案例一

敏敏今年四岁了，对花花绿绿的色彩特别感兴趣，所以家里的一套拼图玩具成了她的最爱。每天拉着妈妈或者是小朋友一起用拼图玩具拼出各种图案，是敏敏一定要玩的游戏。

最开始，妈妈还在耐心地陪着敏敏玩，教导她怎样用三角形拼出恐龙，用半圆形拼出小猪。但是时间久了，妈妈就对这样简单的重复活动产生了厌倦感。于是她开始鼓励敏敏，邀请同龄的小朋友回家一起玩拼图游戏。

恰好，敏敏在幼儿园的好朋友正是他们的邻居，所以敏敏的玩伴就从妈妈变成了同龄小伙伴。而妈妈非常鼓励他们一起玩耍，因为这样她的时间就被"解放"了，终于不用再去哄着敏敏。

一段时间后，有一天妈妈突然产生了好奇，两个孩子玩了这么久的拼图游戏，为什么还没有厌倦呢？她小心翼翼地走到了敏敏身边，却发现他们用拼图玩具拼出了两个小人！

这可是以前妈妈从来都没有教过敏敏的新图案，一定是两个孩子自己设计出来的。别说，这两个小人儿还真是挺有意思，动作还是手拉手的。

"你们可真厉害！"妈妈惊喜地说，"这是谁创造的呀！"

"当然是我们啦！"两个孩子得到了夸奖，得意地笑了起来。

即便是玩耍，孩子们也是在不断动脑筋的。在和别人一起玩耍的过程中，他们能够学会沟通与交流，学会创建规则和遵守规则；他们会遇到困难，也能够学会如何处理困难；他们会产生灵感，也会慢慢将这种灵感转变成创造的新事物。所以玩耍从来不是没有用的，前提是我们不去剥夺孩子们正常的玩耍时间，而是给予他们足够的发展空间，让孩子们自主自愿地去选择自己喜欢的玩耍内容。在这种情况下，他们会具有十足的好奇心和探究能力，也愿意从主观上提升自己的创造力和动手能力，这比任何劝告和鼓励都有用。

所以说兴趣是最好的老师，孩子的兴趣在游戏，我们就应该乐于让他们去玩，而不必担心他们耽于玩乐。

我的侄子小宇从小就是一个聪明的孩子，常常冒出惊人之语，逗得大家哈哈大笑。他也是一个非常爱玩儿的小朋友，每次看到他，他永远在鼓捣着什么玩具，或者是在户外场合疯跑疯闹。

我想正是因为小宇玩得多，玩得好，平时接触的环境比较广，所以才能展现出超乎同龄人的聪慧与敏捷。但是最近小宇即将上小学了，妈妈就开始有意识地限制他的玩耍，美其名曰"收收心"。

小宇可以自由玩耍的时间被缩短到了每天两个小时，只有在晚饭之后，他才能够在这两个小时之内自由支配自己的活动。剩下的时间里，小宇不是被妈妈安排到特长班学习，就是在家里做练习题。一开始小宇还能够忍受这样的安排，因为妈妈说了，如果不好好学习，就连每天两个小时的玩耍时间也要被缩短或者取消掉，这立刻就把小宇唬住了，老老实实地按照妈妈安排的课表学习。然而时间久了，小宇就有些受不了，经常在学习的时候走神，注意力变得不如以前集中了，对学习的热情也大幅降低。

我发现小宇开始出现厌学的情绪，再也不像以前那样积极地对待一切知识了。可能在过去，学习和玩耍对他来说都是新奇又有趣的事情，他可以用玩乐的好奇心和积极性去对待学习；但现在妈妈通过强制的方式逼迫他学习，反而让小宇觉得厌倦了。

在很多家长的意识当中，"玩"好像是孩子不正当的活动，只有好好学习才是有出息的好孩子，而好孩子的定义也很简单，那就是能按照家长的旨意、按家长的期望去做事的孩子。如果这样去教导一个孩子，很大程度上会让孩子变成死学习的机器，或者激发孩子的厌学情绪。前者我们可能会收获一个成绩优秀的孩子，但在其他的方面他可能表现得就不那么尽如人意了，也许他失去了想象力，也许他的创造能力不太强……当然，在那样的家长眼中，这些可能并不算什么大事。而后者，不仅会磨灭他们天生独有的创造能力，也无法培养起对学习的热情和欲望，更是两头皆空了。所以强迫孩子按照自己的意愿去学习，不尊重他们玩耍的天性，剥夺孩子玩耍的权利，并不是合格的母亲应该做的事情。教育，对孩子而言，不仅仅是在学习上对他们进行指导，更多的是让孩子能够按照天性去自由发展，而游戏就是他们的天性。

能在游戏中学习和成长的机会很短暂，只有在童年时期，我们才能够理直气壮地这样做，这样的机会总是值得珍惜的。如果你不想让孩子长大之后产生遗憾，如果你想呵护他的好奇心和创造力，请不要担心他会在游戏中耽于玩乐，而是让他自由地去享受玩耍的愉悦吧！

好妈妈手记：让孩子有充分的时间玩耍

让孩子有充分的时间玩耍，对孩子能够带来非常积极的影响，这些好处是体现在方方面面的。

1.孩子的探索欲望可以得到自主激发。

想要培养孩子的创造力，让他们拥有探索欲望和好奇心是必不可少的。一个孩子只有产生了好奇，愿意去探索，才能够创造出新的东西，如果他已经对世界不再好奇了，就相当于思维被禁锢住了，只会循规蹈矩地，按照别人的习惯去做事，还能创造出什么新东西呢？

所以，培养孩子的创造力，一定要释放他们的探索欲望，让孩子愿意去探索未知。而孩子在游戏当中最能够激发他们自主探索的能力，因为游戏就是一个探索的过程。在玩耍时他们不断接触新生的事物，不断接触过去没有的知识，并对此产生好奇，这就是游戏的冲动。产生冲动，之后孩子们才开始玩耍，而与其说是玩耍，不如说是他们在通过行动探索未知，并从中获得乐趣。只有得到乐趣，在下一次的探索时，孩子才会充满积极性。这就进入了一个良性循环。所以说游戏是最容易引起孩子探索欲和好奇心的，这种主动产生的好奇心不需要家长引导，就能自然而然地对孩子产生积极影响。

2.玩耍能让孩子更有信心去创新。

创造最开始只是源于孩子的一个灵感、一个想象，所以说想象力是创造力的基础。你永远都不能通过强制让别人想象出有趣的新事物。天马行空的想象全部来自内心，是受到自身意愿和兴趣引导的。如果你的孩子能够学会自主玩耍，遵从自己内心想法去选择想要玩的内容，就意味着他们的一切选择都源于兴趣。此时孩子们就最容易发挥出自己的创造力。而游戏能够让孩子获得乐趣、得到满足，他们就能在发挥创造力的过程当中对自己产生信心。就像案例中在拼图游戏里创造出新玩法的敏敏一样，通过自己的创造她产生了更多的满足感，也就更愿意去创造了。玩耍给孩子带来的信心可以影响他们，决定他们日后能否积极去创新，能否敢于尝试，这将从性格上直接决定你的孩子是否具有创造力。

3.玩耍可以让孩子变得注意力集中。

在小宇的例子中，我们发现，他妈妈剥夺了小宇玩耍的时间和权利，强迫他学习，他的注意力就越来越难集中了。很简单，因为**孩子能否集中注意力只源于一个理由——他是不是对这件事有兴趣**。当孩子已经厌学的时候，即便你强制他学习，他也很难在这件事上集中注意力，而越不专注，效率就越低，我们就越想强迫孩子用更多的时间去学习，这就进入了一个恶性循环。与其如此，我们不如提高孩子的注意力，让孩子做什么事都变得高效起来，反而可以让他对学习或其他事产生兴趣。

而玩耍就是提高孩子注意力的一种最简单训练。还有什么比玩乐更容易让孩子感兴趣的呢？在玩儿的时候，我们的孩子都是十分专注的。父母们要做的就是让他们专心地玩，不要去打扰他们，这样孩子的注意力才能长期保持集中，如果你总是从旁打扰，想要干涉孩子的娱乐，或者一次次打断他们，孩子就容易留下注意力不集中的隐患。

　　由此可见，我们应该创设一个好的环境，让孩子玩耍，鼓励他们在娱乐当中获得乐趣并成长，而不是强制孩子投入父母安排的学习当中，这对孩子的成长而言更有益处。

　　同时，还要学会和你的孩子交往！你能做的最重要的事情之一就是和孩子在一起。所以，一定要在一段时间内抽出时间来做一件有趣的事情，无论是烤蛋糕，还是去动物园。做父母想做的事，只要确保你和你的孩子在一起，享受最高的乐趣！

　　要记住，孩童时期都是一段美妙的时期。这是他们一生中唯一的一段时间真正过着"无忧无虑"的生活，所以尽量让他们经常感受到乐趣。事实上，建议一个孩子玩的比他们"学习"的要多，才能确保他们能真正快乐，学会不去厌恶学习、厌恶成长。

　　当然，这只是一个简单的指导，告诉你如何给你的孩子一个快乐的童年。希望它给了你一些可以付诸实践的想法，也希望它让你相信，培养孩子创造力并不像你想象的那样困难，让你的孩子在他们的生活中拥有美好的时光！

俗话说"孩子看着自己的好"，在每个家长眼中自己的孩子都是最好的。望子成龙的心态，也让现在的家长对孩子的要求越来越高，希望他们能有优秀的学习成绩，也希望孩子能展现自身特长，要会琴棋书画，也要能吟诗作赋，在各种方面展现出自己的才华。然而，很多家长却忽略了另一个重要的问题，孩子到底会不会交友，在学校里有没有属于自己的朋友圈呢？

喜欢跟孩子交流感情的家长往往会比较关注他们在学校的生活，那您的孩子在谈话中，是否曾谈起自己的朋友呢？他对集体生活的态度又是怎样的呢？很多家长并没有在意这一点，还觉得孩子不经常谈论同学朋友是平时认真学习、安稳听话导致的，是值得鼓励的表现。事实上，这很有可能是你的孩子缺乏人际交往能力，所以没能够很好地融入到集体中。

想培养孩子的创造力，就一定要记得让孩子的世界变得"更大"，狭隘而单一的环境只会让孩子的发展被禁锢住，无法让他们展开想象和创造的翅膀。所以，让孩子在集体生活中玩耍，能让孩子更快速地成长起来，也能接触到更复杂、更灵活多变的成长环境。

俗话说"三个臭皮匠，顶个诸葛亮"，孩子是世界上最富有创造力的存在，一个孩子尚且会冒出让你惊讶的奇思妙想，如果孩子们凑在一起交流自己的想法，绝对能碰撞出令人难以置信的火花。所以，不要担心他们会在集体活动当中"玩疯了"，恰恰相反，这正是最好的让孩子放飞创造力的机会。

案例一

小新是个备受宠爱的孩子，从小在父母和爷爷奶奶的关怀下长大，长到五岁才被送去了学前班。在这之前，小新并没有上过幼儿园的经历，也从没跟这么多陌生的同龄人一起相处过，这让他有些不适，但也非常期待与激动。

可过了没几天，小新却不愿意再继续上学前班了。每当父母要送他去的时候，他总要找出各种理由赖在家里，惹急了还会哭闹不止，让大家头疼极了。爷爷奶奶因为心疼小新，就安慰他说："学前班里有很多可以和你玩儿的小朋友呀，在那里不是比家中热闹多了吗？"

小新却一个劲儿摇着头喊道："我才不想去学前班呢！大

家都不爱跟我玩儿，真没意思。"爸爸妈妈一听，孩子这是在学校里受了什么挫折？他们赶紧去学前班询问老师，又问了问小新的同桌，才发现这事儿还真不能怪别的小朋友。

因为小新从来没有在集体中生活过，没有跟同龄人相处的经验，所以他总是显得比较自私，凡事都以自我为中心，不爱考虑同学们的想法，也不愿意付出和吃亏，一有不顺心的事就不理大家。所以，敏感的小朋友们纷纷意识到这是个不好相处的小伙伴，就不爱跟他玩儿了。

之所以养成这样的毛病，还不都是小新从没在集体中生活过，被家长惯坏了的缘故吗？想到这一点，父母和爷爷奶奶都有点后悔，应该早把孩子送到学校去的！

这样的例子是不是有很多呢？在生活中，我们常常听到孩子抗拒集体，表达"不愿意去上学"的意愿，有时是因为孩子在学校和集体当中遇到了不公平的对待，让他们脆弱的心灵受到了伤害，需要父母及时注意。但更多时候，只是因为孩子没有融入集体的经验，导致他们不太会和别人相处，这样一旦在交往中遇到了挫折，自然就产生了畏难心态。如果我们长期不重视的话，就会让孩子变得越来越胆小、敏感，抗拒跟别人交往。

当他们习惯将自己禁锢在自己的小世界和小圈子里时，就意味着你的孩子自己关上了看世界的大门，这在很大程度上会影响孩子的创造力和人格发展。

就像我们在故事中所说的，小新因为不太适应集体，不会与他人交往而被孤立，这就体现了一个被许多家长忽略的问题——你的孩子不是天生的交际达人。

很多孩子反而因为长期跟长辈生活在一起，习惯了成为整个家庭的中心，更不会在集体当中与他人交往。想一想，现在哪个孩子不是家庭舞台上的焦点，不是父母和长辈眼中的小公主、小王子呢？没有和同龄人真正相处过，就算再严厉的家教，恐怕也很难让他们懂得什么是与他人分享、什么是为他人妥协、什么是真正的谦虚礼让吧！所以，不教孩子如何去融入集体，孩子的性格可能就会变得孤僻而自私，甚至越长大越不懂得如何与别人交流，这对他们的成长而言是很危险的。

其实，只要家长能正确引导孩子，让孩子学会融入集体是很容易的。我们可以从家庭教育入手，让孩子在家庭中时就摆正自己的位置，明白自己并不是舞台的中心，也不是全世界人都要围着转的焦点。让他们有这种意识，学会去关心家人、爱护幼小、尊敬长辈，他们就能更好地在集体当中发展。

案例二

蕾蕾一直是家里最小的孩子，不管是表哥表姐还是叔叔姑姑，都对她非常宠爱，简直是家中的小公主。但是最近，蕾蕾却发现自己的"地位"受到了威胁。

之所以会这样，是因为刚结婚一年的姑姑有了自己的小宝宝，也就是蕾蕾的小堂妹欣欣。对这个吸引了全家人注意的小妹妹，蕾蕾却不觉得很喜欢，她认为是欣欣抢走了全家人的关注，让自己不再是最小、最受宠爱的了。

　　当蕾蕾表现出"我不愿意跟妹妹玩"的态度时，妈妈意识到了这个问题。她教导蕾蕾说："你看，你有了一个小妹妹，等她长大了你可以跟她一起玩耍，当她的小老师和好朋友，家里又多了一个人可以关心你，你也多了一个可以关心的亲人，这样不是很好吗？"

　　在妈妈的引导下，蕾蕾逐渐意识到了"妹妹"到底意味着什么，也接受并爱上了欣欣，现在，她成了全家最关心欣欣的小姐姐了。

　　蕾蕾妈妈在教导蕾蕾的时候，就意识到了一个非常重要的关键点——当一个在家庭中受宠惯了的孩子，在面临新的家庭成员时，他会感到受到了威胁从而缺乏安全感。此时，孩子将会面临在家庭中地位转变的落差，难免会出现一些抗拒和自私的行为，面对这些问题，家长不能一味地责备他们，而是要尽快给孩子建立安全感，然后鼓励他们重新定位自己，学会与新的家庭成员建立关系。

　　你会发现，帮助孩子融入一个集体当中，其实最简单的就是先让他们在家庭环境里进行准确的定位。不同的家庭氛围，可以让孩子学会爱，却也能让他们变得更加孤僻，端看家长如何选择。

我们要始终记得，在幼年时代，儿童往往会因为强烈的对自身的关注，而导致他们忽略了他人的观感，这样孩子之间的交往会变得更加艰难，也比我们想象中要复杂得多。此时，父母不应该一味地责备孩子自私的行为、不合群的态度，而是要先肯定他们对自身的认知，然后再引导孩子去关注别人、融入集体。交际能力是需要培养的，孩子成长的样子与父母的引导有密切关系，我们不能忽略自身角色的重要性。

好妈妈手记：放手让孩子去集体中玩耍

孩子往往是家庭的中心，从他们出生开始，父母就将全部的目光都投入孩子身上，这是天然就有的本能，我们无法抗拒，也就难以避免地产生或多或少的溺爱。然而家长要控制的正是自己的"爱"，即便是对孩子的无私关爱也不能超出自己的原则，**一切"爱"都必须基于我们的教育原则才可以**。所以，我们在引导孩子成长时应该控制自己的爱意，学会狠下心来，才能让他们逐渐摆脱全部以自我为中心的思维，顺利融入集体生活中去。

原则一：让孩子学会换位思考，克服"自我为中心"的想法。

换位思考，可以让孩子理解其他小朋友的想法，能够帮助他们重新解构关于朋友的关系，让孩子明白在交往过程中平等的重要性。只有学会理解别人，能够对别人的心情感同身受，孩子才能在自身和集体之间掌握必要的平衡，把握一个度。最开始，孩子往往是理解不了这件事的，但是我们可以耐心地引导他们去理解，通过各种小技巧和小方法让孩子学会换位思考。

在生活中多引导孩子创设情境去思考，就是一种比较常见的小技巧。比如，孩子喜欢欺负其他小朋友，我们就可以创设一个情景："假如你的同桌比你厉害很多，没事就欺负你，随便用你的文具，乱丢你的玩具，你会怎么想？"让孩子先这样想一想，然后告诉他："你看，你会不开心，那你这样对别人，别的小朋友是不是也不开心了呢？"这样孩子就很容易理解别人的想法了。

很多时候，孩子之所以不会融入集体、照顾他人心情，其实是因为他们理解不了别人的感受。等他们理解了自己的行为有怎样的后果，自然就会学会避免的。

原则二：让孩子自己在集体中探索，学会承担后果。

很多孩子之所以在集体中的生活不够顺利，其原因多半在父母的"保驾护航"上。我们过多地干涉孩子的交往，帮助他们扫清了一切障碍，防止孩子遇到可能出现的挫折，反而会让孩子变得越来越不会交往。多让孩子在集体中自己摸爬滚打，让他们逐渐总结社交圈里的经验，是孩子自然成长的重要方面。

在一开始，孩子们必然无法顺利适应，很多时候都会出现问题，比如互相欺负、出现摩擦、闹矛盾等。此时，家长不要一看孩子吃亏了就立刻出手干涉，而是要让孩子自己去解决问题，让孩子受一点挫折，他们才能意识到交往中什么行为才是对的。

当孩子在交往中违背了"规则"时，自然会受到一些小小的惩罚，如果这样的惩罚是积极的，是能让孩子受到教训并进步的，那我们就应该鼓励。

原则三：有意识地教孩子一些交往技巧。

如前文所述，孩子的交往技巧并非天生就有，也不一定会随着年龄增长而增加。对于有一定的阅历的父母来说，有意识地教授孩子一些交往技巧，有助于孩子更好、更快地融入集体。

交往的技能包括倾听与表达、分享与合作、换位思考与问题解决，家长可以将这些能力的训练放在平日与孩子的游戏中。

例如，家长可以尝试与孩子玩打电话的游戏，让孩子描述自己所处的环境、现在的心情、想要做的事情，以此锻炼孩子表达自己的能力；玩一些角色扮演类游戏，比如，让孩子当小老师或者爸爸妈妈。家长甚至可以故意给孩子捣乱，让孩子思考以往自己行为的后果。再加上适时的提问，让孩子体会不同角色的心里。以此让孩子学会换位思考的意义。

孩子交往技能的获得也是需要反复练习的，家长们多带孩子和同龄小朋友接触，参与各类集体活动，让孩子自己去尝试、去练习、去体会。出现问题不要着急，先鼓励孩子自己解决，坚持以上的原则，慢慢地孩子就能融入集体，享受快乐的集体生活了。

第7种 "我想做一只大恐龙……"
——孩子的脑袋里到底在想什么？

当我们在讨论如何提高孩子创造力的时候，最常提到的关联词汇就是"想象"。想象力和创造力，就像一对双胞胎，彼此谁也离不开谁。一个有创造力的孩子，首先应该有想象力，只有丰富的想象，才能让他们创造出新东西。一个有想象力的孩子也一定具备创造能力，因为想象本身就是一种抽象的创造，能够达成这种创造，相信他们在现实生活中的创造力也是非同凡响的。

所以想象力和创造力的培养是相辅相成的。从某种程度上讲，我们甚至将它们当作一种能力去培养。对于成人来说，有想象力，就意味着拥有了一项了不得的能力，尤其是在艺术、科学等领域。没有一位艺术家是想象力匮乏的，所以他们才能勾勒出常人惊叹的世界；科学家也具备着超乎常人的想象力，再结合现实，他们才能够不断创新，最终推动人类世界前进。

这些人类社会中最顶尖最优秀的人才，无不是拥有着丰沛的想象，而还有一个群体也是想象力极为丰富的，那就是我们的孩子。

孩子天生具备无穷的想象力，正是因为他们小，世界还没有定型，所以他们的世界才无限广阔。想象力，让孩子拥有了不低于大人的智慧，即便是生活在单调的环境当中，他们也可以乘着想象的翅膀，超越时空的界限，去认识，甚至构造一个广阔而令人惊叹的世界。

这样的孩子才华横溢，而他们并不是"别人家的孩子"，就是你的孩子。

父母要做的，不是培养孩子的想象力，而是发觉他们已有的想象能力，呵护它，这就够了。

然而遗憾的是，很多父母所扮演的角色都是负面的，在我们毫无意识的时候，我们就成了孩子想象力磨灭的罪魁祸首。

案例一

在江苏省，有一个小男孩儿就因为想象力而出了名。生活在镇子上的小男孩儿从小跟着父母一起下地劳动，对地里的情况非常熟知。当地种植大量的棉花，小男孩儿发现，棉花在幼苗的成长阶段最怕的不是天灾，也不是普通害虫，而是很多人都认为毫无攻击性的蜗牛。蜗牛不仅是害虫，而且对农作物的危害非常大，因为它们背着一个巨大的壳，这是天然的保护屏障，即便是喷洒农药也奈何不了它们。

所以如何剿灭这些害人的家伙就成了大家共同的烦恼，小男孩儿也不例外，他每天观察这些蜗牛，发挥自己的想象力，不断思考，希望找出解决办法。

有一天，他想：如果有一种虫子是蜗牛的天敌，是不是就可以利用这种虫子来除掉蜗牛呢？这种天真的想象没有得到父母的认可，他们并不重视小男孩的提议，但是孩子还是因为自己的好奇主动去寻找答案了。经历了两个季节，男孩儿找到了一种吃蜗牛的虫子，正式提出了自己的这个设想。

也许是父母终于被他所打动，也许是得到了别人的帮助，男孩儿的想法这一次终于被重视起来了，最后在科研人员的帮助下，他提出的灭蜗牛的办法正式进入实验阶段，成为蜗牛的防治手段之一。谁也没有想到，这个可能影响千万人生活的害虫防治法竟然源于一个孩子的想象。

在最开始，当孩子产生新想法的时候，父母并没有给予他足够的支持。假如他没有坚持下去，没有足够的好奇心和探索欲望，是否就意味着我们即将失去一个重要的害虫防治法呢？而更重要的是这个孩子的想象力就这样被遏制了，父母不会知道他们错过了一个多么棒的小发明家。

父母的态度往往直接影响孩子的选择。在孩子进行天马行空的想象时，其实非常渴望得到来自父母的肯定，如果我们表现出不理解、制止甚至是嘲讽，很容易打击到孩子的想象积极性，让他们以后再也不敢大胆想象。如果我们用成年人的态度和想法去纠正他们，更是从另一个方面限制了孩子未来的发展。**在想象力这个领域，我们永远不是孩子的前辈，绝不能用自己的思维和知识去衡量，而是要始终抱着与孩子互相尊重、互相学习的态度。因为你会发现，你的想象力恐怕比不上自己的孩子。**

案例二

在妈妈眼里，小梦是个想法很特别的孩子，总能用与众不同的角度去看问题，经常连父母都被她给惊讶到了。

比如，元宵节的时候，小梦妈妈煮了一大锅元宵，爸爸随口问小梦："你觉得元宵像什么呀？"

小梦想了想，给出了一个令爸爸没有想到的答案："像兔子！"

为什么孩子会说元宵像兔子呢？从爸爸妈妈的角度去想，元宵除了和兔子一样都是白色的，根本没有其他的共同之处，孩子为什么要这么说？

要是别的家长，大概就会说："你想得不太对，再想想！"但小梦妈妈特别尊重孩子的想法，就问道："为什么你觉得元宵像兔子呀？"

"咱们家的兔子睡觉的时候，就像元宵一样，是一个白白的球，把脑袋藏在肚子里！"小梦说。原来，她说的是小兔子睡觉时蜷缩成一团的样子，别说，还真有点像。

这样的答案，最终也得到了父母的赞许，孩子的想法果然很难用大人的常识去判断啊！

很多父母都知道要培养孩子的想象力，但却很难找到正确的办法。一个有想象力的孩子可能在某些时刻显得比较特立独行，他们总是不按规矩出牌，不按你想的方式做事，拥有一个这样的孩子，可能会让许多家长觉得有些头疼。所以他们一方面期待孩子有想象力，一方面又希望孩子能够听话而守规矩，就难免因此产生自相矛盾的教育方式。比如，当孩子做出跟家长想象当中不同的选择时，许多家长就会下意识阻拦，或者想根据自己的经验来给他们提供帮助。殊不知，我们这就在向孩子传达一种观念，那就是做出和别人不同的选择是不对的，过于异想天开是不可能实现的。当孩子产生了这种潜意识之后，他们就会更倾向于做一个家长眼中的好孩子，而排斥那些特立独行的想象。

为什么我们的孩子可以多才多艺，能弹奏出优美的曲子，能画出栩栩如生的图画，却创造不出一段简单的旋律或一幅特别的想象画——因为他们大多都在做成年人觉得对的事情，而不是在做自己想做的事，所以想象力就被禁锢住了。

磨灭孩子的想象力就是在磨灭他们的创造力，这样培养出来的孩子可以成为匠人，却很难成为创造者。一个民族的青少年最应该培养的就是想象能力，只有这样，他们才能创造出前人难以想象的未来。所以身为父母，应该将呵护孩子的想象力作为教育的第一要务，至于学习知识倒是次要的。知识什么时候都可以获取，但培养能力的机会却只有一次，孰重孰轻，相信每位父母自有体会。

好妈妈手记：那些提高想象力的游戏

孩子的想象力不仅可以呵护，还可以通过一些有意识的锻炼来提高。比如，能够锻炼孩子想象力的游戏，从形式上就可以激发孩子参与的热情和主动性，而从内容上讲，则能够发展孩子的想象能力，实在是一举两得。下面我们就来看看，哪些简单的游戏可以帮助孩子提高想象力呢？

1.让孩子随意进行联想。

这种想象游戏随时都可以开始，只要孩子感兴趣，我们就可以让他根据身边所接触的一切事物展开联想，不管是向哪一个方向想象都是值得鼓励的，这种随意的想象不仅可以满足孩子们的好奇心，不容易让他们产生压力，愿意积极去完成，而且还能够锻炼他们自主想象的能力，没有任何限制，更能发挥创造性。

2.通过图形来联想。

不同的图形可以让孩子产生不同的印象，比如，圆形可能在他们眼中像一块饼干、像月亮，方形则看起来像桌子、像窗户……只要想象合理，都可以说是正确的。我们可以和孩子一起进行这样的想象，并且在图形上进行简单的修饰绘画，将孩子们的想象画出来。这样不仅更有趣，更容易引起他们的兴趣，而且也可以让想象从虚拟落实到现实，变得更直观。同样这也是一次深度的亲子交流，能帮助我们理解孩子到底在想些什么。

3.通过编故事来锻炼想象能力。

小孩总是喜欢听故事，也喜欢编故事，哪怕给他们随便指一件物品，他们也能就此编出一个天马行空的故事来。也许这样的故事不合逻辑，也许它们的架构比较简单，但千万不要对孩子的思维进行限制，或者以成人的眼光去判断哪些地方对，哪些地方不对。我们要做的就是跟孩子一起将故事续编下去，让他们充分发挥自己的想象能力。

4.通过假设来想象。

"如果"这个词汇也往往与想象力密切联系，我们可以假设一个场景，让孩子去想想，如果在这种情况下会发生什么事，这就是一种假设想象。相对于其他的方式，假设想象可能更考验孩子的逻辑思维，让他们将逻辑思考能力与想象力结合在一起，也许能碰撞出不一样的火花。经常根据生活中的场景做这样的假设想象，孩子不仅可以提高想象力，还可以增加对生活的认识和自我思考、判断能力。

想象力是翅膀，带着孩子的创造能力翱翔。想要让我们的孩子拥有创造力，学会想象是必不可少的。

第**8**种　　**"今天你来做国王"**

——我的孩子不会得了妄想症吧？

　　儿童是天生的艺术家，他们所接触的世界是狭小而单调的，但他们拥有无限的想象力和创造力，可以用天马行空的思维将有限的世界扩展成为无限的空间。正因为想象力丰富，所以我们常常苦恼，大人是无法走进孩子的世界的。

　　这些小家伙们似乎拥有一个自己的空间，在那里扮演着各种有趣的角色，说着我们不懂的话，做出我们无法解读的动作。对这些行为，总有些家长笑叹"我们家孩子总是神神叨叨的"，也有人担忧"经常看孩子莫名其妙地手舞足蹈"，还有的发现孩子"自己坐在那里自言自语"……这些孩子，到底发生了什么事呢？

　　别担心，他们不是得了妄想症，不过是想象力太丰富，再加上一点表演欲做引子，就促成了最终的结果——孩子们在生活中玩起了"角色扮演"。这种不自觉的角色扮演游戏存在于每个孩子的成长历程中，正是通过扮演不同的"人"，他们才逐渐认识这个世界。

案例一

在林妈妈眼里，儿子小志是个特别顽皮、一般人难以理解的淘气包。他常常做出一些让人觉得匪夷所思的行为，让林妈妈总是很奇怪："我的孩子每天都在想什么？"

比如，前一会儿小志还在津津有味地看着电视，下一秒，这孩子就能手舞足蹈、念念有词地在电视机前表演起来，有时还能"分饰两角"。仔细听听，就会发现他正在按自己的想法演绎电视剧情，而且表情相当严肃认真，简直就是个沉浸其中的小演员。

或者，林妈妈正忙着家务，小志就会举着自己从超市买来的塑料剑，从后面奔过来大喊："妖孽，站住别跑！"然后兴致勃勃地看着妈妈，等待着"妖孽"的回应。

一想到大多数孩子都会这样，林妈妈就不觉得特别苦恼，但她也很少配合小志去玩这样"愚蠢"的角色扮演游戏。大多数时间，她总是一脸严肃、有点不耐烦地说："去一边玩吧，别打扰妈妈干活！"久而久之，小志就再也不跟妈妈这么玩耍了。

这样的情形是否越看越似曾相识？因为它存在于大多数孩

子的生活中，而我们也常常扮演着"林妈妈"的角色。忙碌的工作和繁重的家务，让很多家长即便珍惜与孩子的相处时间，也很少将这样宝贵的机会浪费在如此"毫无意义"的游戏上。尤其是从成年人的角度去看，跟孩子玩"角色扮演"的游戏，就是在逗他们玩耍，是在瞎胡闹，对我们自身来说是非常无趣的。

然而，孩子并不这样觉得，这些在大人眼中有点无聊的角色扮演游戏，并不是他们缺乏交际而产生的自娱自乐活动，也不是孩子的妄想与多动，而是一种最快速的成长。在自然界，幼年的小兽会在生活和玩耍中模仿父母的动作，尤其是捕猎动作，然后快速学会生存技巧；在人类社会，想让孩子在情绪、性格、创造力、想象力等方面全面发展，模仿也是必不可少的。角色扮演，就是一种对现实生活的模仿。

在模仿不同角色的过程中，他们学会思考，学会想象，学会创设一个环境并解决问题，学会理解他人的感情与想法。在这个过程中，孩子的思维能力、创造力和交际能力都得到了全方位提升。

有互动的角色扮演，相当于加大了这个"成长游戏"的难度。如果家长能在某些方面进行合理引导，能让孩子从更多的角度去认识成人世界，让孩子在不同的角色身上体会生活。

案例二

彬彬从小就是个特别好奇的孩子，小脑瓜里总是充斥着各种想法，而彬彬妈妈则是他最合格的玩伴，不仅能解答彬彬的各种问题，还乐于耗费时间陪彬彬玩耍。

今天，彬彬和妈妈一起看了《国王与三个公主》的故事，就对妈妈说："如果我是那个国王，我才不会这么容易被骗到呢！"

"那你会怎么做呢？"妈妈问。

"我会……从别的方面考验公主！"彬彬想了半天，这样表达道。

"那不如我们来表演一下吧，你演国王，我演公主。"妈妈兴致勃勃地说。

"好呀！"彬彬看起来也很迫不及待。

于是，他们就一本正经地重新演绎起了国王和公主的故事，彬彬发挥自己的想象力，创造出完全不同的剧情，让妈妈都忍不住大吃一惊了。而妈妈的配合，也好几次难倒了彬彬。

他们表演出了一个不同的故事。

在孩子的世界里，现实与表演的故事并没有明确界限，有些年幼的孩子甚至会将自己看过的故事或者剧情当作自己的记忆，正是因为他们没有区分"主人公"和"我"的区别。所以，当他们在进行角色扮演时，会更容易沉浸其中，也更能从不同的设定、剧情中学到知识。可以说，这种投入感情的角色游戏，每一次都给孩子一个新的人生。

因此，角色扮演过程中，孩子可以不断发挥想象力与创造力，让自己的性格、行为更加贴近想象中的故事，而与他人的互动则可以增添他们的随机应变能力，让孩子从交流和表达当中锻炼语言能力——要知道，大多数孩子的角色扮演游戏，都只存在于他们的大脑而无法表达出来。所以，角色扮演其实是非常重要的。

好妈妈手记：角色扮演，开发创造力的NO.1

角色扮演是一种开发创造力的游戏方式，可以让孩子在玩耍的过程中构造一个思维更加清晰、逻辑更紧密的世界。在孩子的扮演游戏中，父母的身份是必不可少的。

大多数孩子即便一个人也可以将脑海中的"角色"演绎下去，但缺乏交流让他们被限制了思维，也无法合理地表达出自己的想法，从另一个角度上看就是限制了孩子的创造力塑造。所以，让他们在一个更加开放的环境中，与父母在游戏环节里进行充分、密切的交流，对孩子来说是必不可少的。

跟单纯玩耍的孩子相比，我们在角色扮演游戏中的身份并不那么单纯，既要陪着孩子专心地"玩"，又要带着教育的目的。

1.有意识地引导，让孩子更好地扮演角色。

孩子为什么喜欢角色扮演？很简单，因为好玩！在这个前提下，孩子可能会对一个角色有五花八门的诠释，大多数时候都是毫无逻辑甚至有些单调无趣的。如果我们不进行引导，孩子很少能找到发挥创造力、想象力的机会，所以我们要让孩子的游戏变得更加"复杂"。

小雨在我接触到的孩子中，就是一个思维较为跳跃但缺乏逻辑的典型。这孩子很喜欢编故事、玩扮演游戏，但在他的故事中，任何事的发展都没有逻辑性，"我"可能前一秒还在跟熊大熊二玩耍，下一秒就跑到哈利·波特的世界。

正因为缺乏连贯的思考，让小雨的描述总显得颠三倒四。而在他的故事里，我们也很难感受到什么剧情，所有人物的行为都是单一的，比如，小雨刚从电视上看到有人偷东西，这个剧情就会被他完全复制下来，套用到任何一个角色上——但很显然，缺乏自己的思考和创造。

这样的角色扮演，并不能起到什么显著的积极作用。

要改变这一点，父母就应该积极加入小雨的"角色"设定中去，可以主动要求扮演一个角色，也可以给小雨提供一个剧本——比如经典童话故事。然后，引领小雨去了解一下故事内容，熟悉他要扮演的人物，并且引导他"还可以怎样做呢""如果这样，结果会变成什么样"……这样的对话不仅可以激发孩子的表演热情，还能让他们学会最重要的一点，那就是创造。

2.利用经典童话，吸引孩子的注意力。

经典童话新编在儿童剧领域是很火的题材。一方面，经典童话具有旺盛的生命力，不必猜就知道备受孩子喜爱；另一方面，新编的故事很容易引起孩子的兴趣，也能发挥他们的创造力。

而我们，就可以利用经典童话和孩子排演一出"新编剧"。相信每个孩子听到这儿，都会非常积极地参与进来，不仅可以让孩子达成角色扮演的目的，还能让他们参与到故事编写中来，让他们发挥自己的创造力去描绘一个全新的世界。

同时，经典童话中的角色关系一般比较简单，这是为了让阅读的儿童也能理解，所以选择童话，一个小家庭的成员就足够应付这个剧情了。我们不仅能跟孩子进行更加深入、复杂的亲子交流，让彼此都开心起来，也能在游戏中进行对孩子的教育。

3.让孩子在角色扮演中学会思考和观察。

创造力源于对生活的好奇心，想去创造一个新生事物，前提必须是进行了周密的观察和思考——要知道，天马行空的想象一般只是空想，是无法真正创造出东西的。

所以，创造力的培养，也需要关注孩子是否有思考的能力，是否能进行细致的观察。在角色扮演游戏中，我们可以让孩子学会观察，比如，通过肢体语言去表现角色的情绪，还能通过让孩子设计对话来锻炼他的逻辑思维能力，相信每个孩子都能在这样的游戏中得到发展。

4.多创造与人交流的角色扮演环境。

角色扮演游戏最好建立在交流上，让孩子扮演沉默的"思想者"，只能说是懒妈妈的教育，是在哄骗孩子"乖一点"，并不能让孩子真正从中获得成长。所以，我们要做的应该是给孩子创设一个可以交流的角色扮演环境，这样他们才能从不断交流中丰富自己的所知所学。

第9种 "我们的手印是彩色的"

—— 怎样玩游戏才是"有益"的？

　　游戏对孩子而言是一种必不可少的活动。他们可以通过游戏了解这个社会，学会学习，接触生活并且实现智力或能力上的多方面发展。尤其是对幼儿而言，可能游戏比单纯的学习更能让他们成长，所以多让孩子玩耍，比强迫他们过早地进行枯燥的学习，更能让孩子提高自身能力。

　　如果说幼儿园就是孩子的小社会，那么玩游戏就是孩子对这个社会和未知世界的试探。在游戏时孩子能够塑造自己的世界观和价值观，你也能从他们的行为方式上看出一个孩子的性格和习惯，比如，有些孩子喜欢玩角色扮演的游戏，这其实就是通过扮演不同的人来体验不一样的社会角色，从而达到提高情商和交流能力的效果；而有的孩子喜欢玩过家家的游戏，就是在模仿父母等家庭成员或者身边的其他人，他们通过模仿成人的语气、动作、行为习惯来玩耍，这种行为与动物世界的幼崽跟父母学习捕猎技巧何其相似？所以孩子也是在通过玩耍来不断成长，这是他们认识世界并培养自己独特价值观的特殊方法。

我们应该理解并接受他们的这种方式，乐于看到孩子玩耍。同样，游戏与游戏之间也有优劣之分，好的游戏可以让孩子的成长达到事半功倍的效果，能够在多方面对他们产生有益的影响，而有些游戏虽然也能够给孩子带来好处，但也同样会带来不良影响，综合来看是不利于孩子发展的。因此，该如何引导孩子的兴趣，让孩子多将注意力放在有趣而健康的游戏方式上，是每一个父母都应该关注的问题。

那到底什么样的游戏才是有益的呢？关于这个问题，不同的家长有不同的解读。其实我们大可不必过于紧张，即便是看起来有些不良影响的游戏，父母也可以通过引导，让孩子从中吸取到良好的一面，一样可以实现帮助孩子健康成长的目的。

案例一

豆豆从小就喜欢看电视，不仅爱看而且爱玩，喜欢模仿电视机里面的角色。时间久了，豆豆可以将这些角色揣摩得惟妙惟肖，每次模仿都能抓住人物的几分神韵。这样的表演在父母眼里就是豆豆聪明的象征了。而事实也的确如此。豆豆在不断的模仿当中锻炼了表达能力和理解能力，比同龄人看起来更加灵活，思维清晰、口齿伶俐。

但是最近妈妈却担忧起了豆豆的这个模仿习惯。原来豆豆最近迷上了某个仙侠剧当中的反面角色，经常夸张地学习他的说话方式或者行为，动不动就冒出一两句反面角色的"名言"。这让妈妈听到了心里就有些不舒服。她想：总爱模仿反派角色，孩子会不会学到他们身上负面的一面，也变得脾气古怪或者影响价值观呢？

　　所以豆豆妈妈就想制止豆豆的模仿游戏，但只要她不让豆豆模仿了，豆豆就哭闹不止，还觉得妈妈无理取闹。

　　最后还是姥姥解决了这个问题。姥姥不仅鼓励豆豆模仿他喜欢的角色，还让豆豆跟大家说为什么喜欢模仿这个角色，这个反面角色有什么特点。通过深入的交流，姥姥发现豆豆并不是不明是非，虽然他喜欢模仿反面角色，但只是因为感到好奇，所以愿意尝试而已，但他同样知道这个角色所做的行为是不对的，价值观是错误的。加上姥姥在旁边仔细分析，豆豆原本单纯的模仿就变成了一次对人物的深入解读，不仅真正理解了这个角色，而且也从理解的基础上明白了是非，建立了自己的判断。

　　姥姥将豆豆的兴趣引申了，不但没有强迫豆豆放弃自己的爱好，反而利用他的好奇心和求知欲给他上了一堂课，豆豆还很开心。妈妈这下也放心了，原来自己眼中的坏事也可以变成好事。

　　孩子的内心世界丰富多彩，你永远都无法想象他们的行为到底代表着什么意义，就像豆豆模仿反面人物这件事，他并不是对反面人物有盲目的崇拜，也不是是非不分，但如果妈妈不去仔细分辨豆豆的行为原因的话，就很容易产生多余的担忧。所以很多时候，我们不能想当然地去理解孩子的行为，也不能仅从自己的角度做出判断，就对孩子所做的行为或游戏下了有益或有害的判断。**我们应该顺应孩子的兴趣，多跟他们沟通，让他们从游戏当中吸取到有益的内容，而这比单纯的对错判断更加重要。**

　　除此之外，由于孩子在知识面上不够宽广，我们也可以以家长的身份带领孩子去认识更多有益的游戏方式。接触更多的游戏，可以让孩子从不同的角度认识世界，锻炼不同方面的能力，比如，户外活动或游戏，可以让孩子在身体和思维等方面都得到锻炼，而益智游戏则能够全方位的培养孩子的逻辑思维或者空间想象能力。这些游戏可以给孩子们带来不同的影响，但最开始接触和认识这些游戏都需要家长的引领。只有我们多带着孩子去玩，接触各种各样的游戏方式，孩子们才能够开阔自己的眼界，而这样丰富多彩的游戏生活也能防止孩子沉迷于某一种游戏，多从玩耍当中获得乐趣，而不是耽于玩乐。

案例二

　　菲菲的父母都是上班族，平时工作很忙，没时间陪孩子玩要，为了让菲菲在家中不寂寞，就给她买了一个学习机，让孩子可以在日常玩乐当中学到一些科学知识，并在学习机上接触一些益智游戏。

父母的出发点是好的，但没想到菲菲很快沉迷于学习机，几乎每天都要抱着它不撒手。哪怕是父母周末在家，菲菲也是一整天抱着学习机，点开上面的益智游戏，玩得不亦乐乎。

看到这种情况，爸爸妈妈有些担忧，哪怕那些益智游戏的确能够让菲菲学到一些知识，但孩子这种不分时间的沉迷还是容易引起不良的后果，最典型的影响就是菲菲的眼睛最近经常感到干涩，妈妈带她去医院检查之后，发现孩子小小年纪就出现了假性近视的征兆。思来想去，他们都觉得是菲菲的学习机带来的不良影响。

你看，沉迷游戏的后果是非常严重的，哪怕是在我们眼中看来有益的游戏方式，如果孩子过于沉迷，也容易产生不好的后果。所以一个游戏是否有益往往很难界定，还是要放在具体的场合当中进行判断。

当然很多游戏，不管从哪个方面看都是不利于孩子健康成长的。比如，弹弹珠、打牌等游戏，对孩子的健康成长和能力培养没有特别典型的好处，却很容易让孩子养成不良习气或者给他们的安全带来威胁。这样的游戏，不管从哪个角度上看，都不是很值得鼓励，所以就应该被父母劝阻。

除了这样具有典型不良影响的游戏要尽量让孩子避免之外，大多数时候我们还是应该尊重孩子自己的选择。因为只有他们自己选择的游戏，自己才爱玩。只有在兴趣的指引下，再加上父母的稍许引导，孩子才能从中学到东西。强制他们去玩儿不感兴趣的游戏，就像强迫他们学习一样，对孩子来说都是一种折磨，相反，顺应兴趣，顺其自然，才有可能培养出积极、主动、创造的孩子。

游戏可以挖掘孩子的天赋，可以打开孩子想象的翅膀，可以帮助他们塑造创造力。所以我们该鼓励孩子玩游戏，让孩子多尝试不同种类的游戏，让他们的童年在最合适的道路上发展。

好妈妈手记：小游戏中也能挖掘天赋

孩子的成长是离不开游戏的。不同种类的游戏可以让孩子各方面的能力得到培养，比如，体育游戏不仅能让孩子在户外运动当中提高身体素质，还可以让他们学会在集体当中遵守规则，并学会与别人交流。语言表达游戏，可以让孩子们学会梳理自己的思想，并用正确的方式表达出来，更能锻炼他们准确发音，讲好普通话。益智类游戏，可以提高孩子的想象力和创造力以及逻辑思维能力，让孩子们拥有变得更加聪明的潜质。

音乐和舞蹈游戏，可以提高孩子们的艺术鉴赏水平，既能够形象或抽象地感受世界，又能让孩子学会用另一种方式来表达情绪，体会情感。你会发现单纯的学习不能让孩子学到如此多的知识，父母如果用过于功利以及限制的方式来培养孩子，只会让他们失去成长过程中更加宝贵的能力和经验。

游戏可以发掘孩子的天赋，那从培养创造力的角度上讲，我们可以与他们一起玩什么类型的游戏呢？下面就给家长介绍几个典型的培养创造力和想象能力的游戏。

1.环游世界的想象游戏。

可以先准备一张地图，然后跟孩子一起开始自己的想象之旅。

告诉孩子："想象我们正坐在一把神奇扫帚上，它可以带领我们去往世界的任何地方，只要你想就可以到达。"然后我们可以让孩子在地图上选择一个地点，鼓励他展开充分的想象，让大家一起勾勒这场旅行可能遇到什么，可能会发生些什么。

这样的游戏不仅帮助孩子更加直观地认识世界，学习到一些必要的地理知识或者对全世界各地的风俗习惯有所了解，还能激发他们的想象能力，让孩子用自己天马行空的想象来勾勒新的世界。

2.寻宝游戏。

可以将某个物品藏在屋子的角落里给孩子一些简单的提示，让他通过这些提示确定物品的位置，去寻找我们藏起来的宝藏。这种简单的寻宝游戏其实满足了孩子们的好奇心和探究欲望，而且还能让他们感到非常刺激和神秘，一定能够激发孩子的主动性。在寻找宝藏的过程中，孩子学会了独立思考，学会了分析我们所提供的条件，逻辑思维和思考能力就得到了锻炼。

3.你画我猜游戏。

你画我猜是一个可以锻炼孩子想象力、判断力和创造力的游戏，我们可以选择一个人负责画出指定的物品或者动物，让另一个人来猜。如果孩子是负责猜的一方，那么他们可以因此锻炼到自己抓住事物重点的能力，想象力也得到了发展；如果孩子是负责画的，那他们的创造力也得到了展示。这是一个多方面锻炼能力的游戏，不管让孩子扮演怎样的角色，都能从中收获到东西。

第三章

你的故事有魔力——
充分放飞孩子的幻想力

第10种 "天上飞着一只猪"

——这孩子总爱说胡话。

　　培养富有创造力的孩子，家长朋友们可能是要承担一定风险的。因为你会发现，孩子有时会显得过于特立独行，总是与他人不那么一样。

　　因为有创造力的孩子往往善于想象，他们能从平凡中发现不平凡，能通过自己的独立思考在已有的知识基础上创造出新的理解，或者是对一个问题提出别人没有想到的解决办法……总之，他们总是很独特，想法很新颖。

　　这样的孩子就是有创造性思维的。创造性思维在他们长大后会显露出极大优势，但在孩子还小的时候，一个有创造力的孩子也许无法表现得比一般孩童更优秀——甚至有时候，你会觉得这个孩子难以理解，想法过于跳脱，甚至"爱说胡话""总爱胡闹"。

　　所以，很多家长在孩子们表现出"不同"时，想到的不是赞许和鼓励，他们也联想不到这样的行为跟创造力有什么关系，而是第一时间采取制止的应对方式。这就很遗憾地导致，我们的孩子本来是很有创新思维的，却被父母慢慢禁锢住了思想上的自由。

要呵护孩子的创造力其实很简单，就是对他们的特立独行更加宽容一点，当你的孩子总是爱说出和别人不一样的答案，或者总爱想象一些看似"胡闹"的场景时，我们不妨多一点耐心，让孩子的想象力再"飞"一会儿，他们的创造力就可以更强一些。

案例一

下午，小可正趴在窗户边看得聚精会神，可在妈妈眼里，窗户外明明什么也没有。

"你在看什么？"小可妈妈好奇地问道。

"我在看天上飞着一只猪！刚才还有一只大恐龙，不过它已经被鲸鱼吃掉了。"小可煞有介事地说。

"一只猪？我怎么没看到一只猪？你这孩子，竟说胡话！"妈妈笑着摸了摸小可的头，还以为他是在跟自己开玩笑。

没想到这孩子却很认真，坚持道："就是一只猪，妈妈你看，那片云彩不是很像一只猪吗？还有远处那个，就是一条大鲸鱼！"

妈妈仔细看了看，原来小可聚精会神看着的就是天边的白云呀！可白云有什么好看的？她也没想到这片云哪里像一头猪了。最终，妈妈还是总结为"小可这孩子就是爱胡思乱想"。

其实，这就是小可在通过联想，或者是幻想来创建一个属于自己的世界。有创造力的孩子想象力往往丰沛，他们见到什么都能展开想象，因此在生活中常常出现幻想。而幻想也是孩子们最常见的"自娱自乐"的方式之一，别以为他们幻想的都是"无稽之谈"，你的孩子正在向你展现自己的创造力呢！

相比单纯的想象，幻想的层次似乎更高一些，因为它们往往不是毫无逻辑的想象片段，而是有剧情、有逻辑架构的合理想象。在幻想这个层面上，孩子除了要有想象力外，还得有组织能力和逻辑思维能力，才能将一个故事或者一个角色构建完善。而孩子的幻想也需要一个发展过程，他们往往从最天马行空的故事开始幻想，最终逐渐接近现实。

幻想的下一步，就是创造。而人类的许多伟大创造，最开始不就是源于我们不切实际的幻想吗？所以，会幻想的孩子，再加上一点执行力，就能成为一个懂得创造的人。

案例二

小乐五岁的时候，经常向妈妈提出一些特别的问题。比如，有一天，她就在晚上看着天上的星星，突然冒出了这样一个疑问："妈妈，星星是从哪里来的呢？"

妈妈也不知道该如何回答，如果以科学知识来解释，这是一个复杂的天文问题，孩子也未必听得懂，而自己编一个答案，虽然浪漫，却有欺骗孩子的嫌疑。想来想去，她决定让孩子自己寻找答案。

"不如你先自己想一想吧！"

小乐听了妈妈的话，认真地观察了很长时间的星星，她发现，星星的颜色跟最亮的月亮是一样的，看起来就像是同样材料做成的……

于是小乐开心地说："我知道了，一定是做完了月亮以后剩下了很多东西，就做成了星星！"

听到这话，妈妈忍不住笑了，夸奖小乐说："你是怎么想出来这个答案的？你的想象力太丰富了，真棒！"

面对孩子的"胡思乱想"和"童言童语"，很多父母都不愿意投入太多精力去解读孩子们的想法，也不愿意对此进行鼓励。其实，当孩子在幻想的时候，最期待的就是得到别人的认可，我们的鼓励能让孩子更积极、更有自信地发挥自己的想象力，在精神世界里飞向一个我们根本无法触及的地方。对孩子这种自由而活跃的思维表现，父母也应该给予鼓励。

其实，孩子的想象力是天生就存在的，他们就是幻想家，就是发明家。所以我们要做的反而很少，只要不去约束孩子，适当地进行鼓励，孩子的创造力就能得到很好的发展。

很多人都认为，幻想就等于做白日梦，是荒唐的、无稽的，是不利于孩子认识这个世界的。一个习惯幻想的孩子，会难以分清现实和虚幻，从而对事物产生错误判断。

这种想法显然是错误的。越是小的孩子就越容易产生各种各样的幻想，尤其是在幼儿阶段，当他们初步有了自我意识，开始认识世界之后，他们就会根据自己接触到的信息产生不同幻想，这是孩子成长过程中的必经之路，即便他没有表现出来，你也不能说你的孩子就不会幻想。**一个会幻想的孩子，在人格培养上会有更加积极的一面，因为他们的思维越长大就会越来越理性，所以感性、充满想象力的一面就靠着幼年时期的幻想来建立。**

面对孩子的幻想，我们不该去制止，要想办法抓住机会让孩子展开想象的翅膀，去想得更多、更深。不要怕荒唐，幻想本身就是越不可思议越好，我们要做的就是抓住一切机会让孩子去幻想——等他们再长大一些，错过了这个成长阶段，就算你想让孩子幻想都难以实现了。

培养孩子的幻想能力，让他们在脑中构建出一个你所不懂的世界，对孩子的成长有以下几个方面的有利影响。

1.孩子的想象能力可以得到提升。

幼年时期的幻想本身就是集中的、有一定逻辑性关联的想象。所以会幻想的孩子，在长大后的想象力往往不会差，更能培养良好的形象思维能力。而人的创造力又是与想象力息息相关的，会幻想的孩子，也必然能创造出独特的东西。

2.幻想可以让孩子不断体验创造。

在幻想当中，孩子其实就是在进行一次次的角色扮演。他们构建了一个独属于自己的世界，在自己的世界当中扮演着不同身份和角色，体会不同人的情感和想法，这不就是一种代入式的角色扮演吗？在这个过程中，孩子创造了一个新的身份，创造了一个故事背景，也创造出新的情节，本身就是锻炼能力的一种表现。

3.幻想可以让孩子学会分析问题并解决。

孩子也不是万事无忧的，在他们的幻想世界里，一样会遇到各种各样的问题需要解决，而解决办法完全依赖孩子自己的想法和判断。在幻想世界里创造问题、解决问题的过程中，孩子们就能学会分析和处理困难。这可能比现实生活中的难题给他们的锻炼更有意义，因为幻想的世界丰富多彩，面临的问题也可能比现实中要有趣多了，你的孩子无形中就得到了能力提升，积累了经验。

不过，对待孩子的幻想，我们虽然持鼓励态度，也应该进行合理的引导。有些孩子的幻想可能过于荒谬，缺乏可行性和逻辑，这种情况下妈妈就可以提供自己的分析作为参考，让孩子学着完善自己的幻想世界；有的孩子的确沉迷于幻想的情节，甚至下意识地排斥现实，不愿意承认在现实生活中的"自己"，我们就得让孩子意识到什么是幻想、什么是真实，能区分两者之间的关系……幻想世界是孩子精神世界的投影，而我们想要了解孩子，借助他们的幻想去靠近孩子的内心，是再好不过的办法了。呵护孩子的创造力，也需要我们良好地引导孩子进行合理幻想，这样才能在将来帮助孩子打造一双坚实的想象的翅膀。

第11种 "为什么美人鱼会化成泡沫"

——听个故事，怎么这么多问题？

在幼儿时期，每个孩子都沉迷于听故事这件事。即便你成为了父母，相信你也还记得幼年时别人给自己讲故事的情景吧！我们每个人都曾经听过无数个来自长辈的故事，现在又要将它们再讲给自己的孩子听。那些经典的童话就是因为有一代又一代的受众，才可以永恒地传承下来。

然而有一个经常出现的问题，总是困扰着讲故事的父母——孩子虽然爱听故事，却往往不能安安静静将故事听完，而是在这个过程中不断地提出各种问题。父母的思路往往会被孩子刨根究底的问题所打断，这让他们产生厌倦感——为什么我的孩子总有这么多疑惑，他们就不能老实地将故事听完吗？

事实上孩子会产生问题是一件好事，我们应该鼓励他们多提问题，而不是永远在那里安静地当个听众。听故事时会提问，意味着他们会一边听一边思考，并且产生有强烈自我意识的想法。自我意识和自主思考，是组成创造力的重要部分，孩子在听故事时不仅获取到了知识，还锻炼了其他能力，应当是令我们感到愉悦的。

案例一

小铭平时是个话比较多的孩子，尤其喜欢问问题，这一点在妈妈给他讲睡前故事的时候表现得格外明显。

"今天妈妈给你讲一个故事，名字叫《海的女儿》。从前，有一条美丽的小美人鱼……"妈妈刚开始讲故事的时候，小铭总是听得很认真。

但是没一会儿，他就开始产生各种疑问了：

"为什么王子会认不出小美人鱼呢？"

"巫婆是不是美人鱼啊，她为什么会这么坏呢？"

"小美人鱼的姐姐们都去哪里了？"

"为什么鱼会变成泡沫？"

……

妈妈对小铭的一系列问题都感到非常无奈，童话里就是这样写的，她也不知道为什么呀！这让妈妈觉得小铭是在故意捣乱，心里有些不高兴，呵斥道："听故事就好好听，别问那些有的没的！"

孩子就是行走的"十万个为什么"，再有耐心的家长面对孩子不断的问题，也常常会感到发愁或者厌烦。尤其是我们想给孩子讲一个故事时，如果他们总是用问题来打断我们，往往会让家长和孩子的思路都无法持续下去，最终故事的精彩之处就难以展现了。这会让家长产生挫败感，继而对孩子的问题更不耐烦了。

其实，我们应该问问自己，为什么要给孩子讲故事？难道只是单纯地传播知识吗？不，经典童话中根本没有什么知识，只有自由的想象和创造。所以，**给孩子讲故事，其实就是用童话来给孩子搭建一个想象的桥梁，让他们能借此机会发挥自己的创造力。而另一方面，则是通过不断重复的朗读，让孩子感受到语言的魅力，能更好地组织自己的语言。**

这就是我们讲故事最主要的两个教育目的。当你的孩子开始就故事内容提出有意义的问题时，其实就代表我们的第一个目的实现了，孩子在故事的基础上开始思考，开始创造了。这正是我们期待的结果，不是吗？所以面对这样的发问，你该感到的不是厌烦，而是欢欣。

我们不能只知道给孩子讲故事，而不知道为什么给他们讲故事，那就是舍本逐末了。知道了讲故事的用处，你就会明白孩子的提问多么重要。所以，如果孩子对故事内容有了好奇，我们应该尽可能地倾听他们的疑惑，并且跟孩子一起商讨出可能的情形。这是个绝佳的创造机会，你完全可以和孩子一起用他的逻辑去解读这个故事，给问题安排一个合理的答案——如果这个答案是孩子自己创造的，那就更好了。

不过，也有一些问题我们不必在讲故事时给孩子回答，那就是跟故事无关或者没什么意义的问题。这样的问题太多了，只会浪费我们的时间，还会让孩子无法听到完整的故事，不能让自己的思维连贯起来。

案例二

雷雷非常喜欢听故事，但他有个奇怪的爱好，就是特别喜欢听已经讲过的故事，经常让妈妈讲个十几遍。有时候，雷雷还没觉得烦，妈妈先忍不住了，只想让雷雷换一个故事听。

"不行，我就想听这个故事嘛！"雷雷央求道。

"这个故事你都听了这么多遍了，妈妈都会背了，你怎么就不腻呢？"妈妈忍不住说道。还别说，雷雷就不觉得厌烦，哪怕他自己也能复述出来，一样每次都认认真真地听。所以，妈妈虽然觉得雷雷的习惯有点奇怪，也没多说什么。

后来她发现，原来不止是雷雷喜欢听已经讲过的故事，很多孩子都爱让家长将一个故事讲许多遍。

在给孩子讲故事时，孩子除了喜欢提各种问题外，另一个最爱做的事情就是不断重复听故事。一个旧的故事往往会比新故事、新情节更吸引他们，这些孩子在听故事上似乎丧失了自己的好奇心，总是愿意让爸爸妈妈讲已经讲过的故事，对新内容反而有些抗拒。

其实，听一个相同的故事，正是孩子们在学习的过程。就像俗话说的，"书读百遍其义自见"，一本书要读百遍才能读透彻，对于一切能力都在培养中的孩子来说，多听几遍故事他们才能将情节都消化干净，才能在其中领会到语言的艺术与技巧。

所以，如果你的孩子缠着你听故事，最好还是满足他们的需求，哪怕他们问题很多，哪怕他们总是爱让你重复某个情节。

好妈妈手记：给孩子的故事不只是"我说你听"

给孩子讲故事这件事，绝对不是简单的"我说你听"，不是家长单方面叙述，孩子安静地接收信息，而是一种彼此之间的沟通和交流。所以，我们应该重视孩子的请求，即便他想要让你重复某个情节；我们也应该尊重孩子的提问，并且鼓励他们去问，这样才能在一问一答中发挥创造力。

要做到这一点，妈妈们可以从下面几个角度为"讲故事"这件事做准备。

1.别把讲故事当作任务，而是要享受它。

我们为什么会对孩子的问题感到不耐烦？很多时候就是

因为家长将"讲故事"当成一个需要快点完成的任务，不够享受，所以迫切需要结束它。孩子的问题就相当于这个过程中的意外，意外累加会让我们讲故事的"任务"难以准时完成，所以孩子的问题自然会被家长当作负担。

要跟孩子更好地讨论问题，将讲故事变成一种交流，我们就得先学会享受这件事，这样才能带着更多耐心去投入其中。

2.创设一个讨论环境，对故事进行讨论。

如果你觉得孩子对故事内容的疑问比较多，完全可以在讲完故事之后，抽出一段时间专门跟孩子一起讨论，创造一个让孩子问问题的环境。这个环境是与故事有关的，但更多是孩子自我思考和创造力的发挥，我们只要利用好，对孩子提出的问题进行引导和引申，就可以让孩子的创造力借助这个故事发展得更好。

比如，小美人鱼的故事，如果孩子好奇美人鱼为什么会变成泡沫，我们就可以跟孩子探讨一下，然后让孩子用自己的理解去解读。如果孩子想，我们还可以让他们给美人鱼续写一个结局，发挥孩子的创造力。

3.不要让故事局限在"讲"上面。

我们不仅可以讲故事，也可以表演故事，可以用多种方式展现故事情节。尤其是很多孩子喜欢将一个故事听很多遍，早就对情节、对白十分熟悉了，我们就可以跟孩子通过角色扮演的方式重复故事。这种表演形式更加丰富、有趣，而且可以调动孩子的积极性与参与欲望，更能让他们通过角色扮演来培养能力，实在是一举多得。

　　类似的方式还有很多，总之，我们不需要将自己的思维局限在单纯的"讲"故事上，完全可以让讲故事这件事变得更有趣，不是吗？

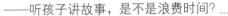

第12种 "让我给你讲个故事"
——听孩子讲故事，是不是浪费时间？

我们说过，许多父母在"教育"这件事上，其实有巨大的矛盾。

在他们的内心里，其实对无忧无虑的童年非常渴望，不管是怀旧也好，怀念也罢，提起自己的童年，永远是在追忆那些轻松和愉悦的时光。当放到孩子身上，他们却不愿意看到孩子有"无忧无虑"的时期，担心孩子在玩耍当中耽误了学习和成长，恨不得早早地就让孩子意识到这个社会的残酷，让孩子在成人的世界里面立足。

短暂的童年是每个人内心最深刻的回忆，你有多么怀念那时候的时光，就应该多么珍惜孩子的童年，为什么要让孩子过早地适应成人社会呢？不要担心孩子在"浪费时间"，每个人的童年都是成年人眼中的"浪费"，儿童在进行大量的重复活动、看似毫无意义的简单玩耍……而他们就是在这种经验中逐渐成长的。

其中，让孩子"讲故事"也是一种在家长眼中浪费时间的活动。有些时候，孩子不满足于父母给自己讲故事，也想把自己脑海中的故事讲给大家听，但父母却对孩子的故事并不感兴趣。对幼年的孩子来说，能够编出一个有逻辑的小情节已经是创造力的体现了，你不能指望他给你展现一个精彩纷呈、逻辑清晰、语言通顺的完整童话——如果他能做到，那是你的孩子能力出众，而大多数孩子的故事听起来都不那么"精彩"。

这就让父母产生了"既然不精彩，听不听也没什么""孩子的故事真的很没意思，不愿意去听"的想法，有这个时间，他们宁愿给孩子多讲几个经典童话。

案例一

梅梅从小就展现出了一定的语言天赋，是个很喜欢说话的孩子。有时候，就连妈妈也有点受不了梅梅爱说话的毛病，觉得她实在是有些太"聒噪"了。

这天，梅梅又开始拉着妈妈不停地"嘚啵嘚"起来，这一次是在讲述一个自己脑海中的小故事。"于是大狮子一下子跑过来，然后……然后'啊呜'一口就把小孩吃掉了！"梅梅一边说一边笑起来，"你猜怎么着？那个小孩没死！他拿了那个仙丹就从狮子肚子里爬出来了，还……还有了吐火的能力。"

妈妈听了梅梅的描述，觉得实在是难以理解，这不就是前两天她看了狮子王和葫芦娃的结合吗？真不知道这孩子是怎么想的，就想出这么个奇怪的故事。正巧妈妈这会儿有点事情要忙，更没耐心听梅梅讲什么"吐火小孩"的故事了，就不耐烦地挥挥手说："行啦一会儿我再听，先去自己玩吧！"

梅梅一开始还相信了，可是一整天妈妈都没有听她的故事，最后她就很生气："妈妈是个大骗子！说话不算话！"

很多妈妈对孩子给自己讲故事这件事似乎不太重视，甚至做出了"一会儿再听"的承诺但是没有兑现，对孩子来说很可能就是影响父母信任度的一个大问题。其实，如果你的孩子愿意给你讲故事，不管他讲得有多"烂"，都是一种超乎常人能力的体现，我们都该抱有鼓励和期待的态度。其实，孩子的故事当然不可能比得上我们给他讲的童话，不然的话他们也可以去当童话家了，但那是他们自己创造出的故事，从孩子的故事里体现的是他们的创造力和表达能力，哪怕仅从这两点来看，我们也应该尊重孩子的创造欲望。

让孩子讲故事，能让他们学会运用词汇。很多孩子的故事都缺乏原创性，甚至就是一个简单的模仿和复述，这是孩子们在学习语言的过程。从听故事到自己讲故事，孩子们开始一步步了解词汇、运用词汇，这样一个过程是亟须我们鼓励和参与的。为什么说爱表达、讲故事讲得好的孩子写作都有一定基础呢？就是因为他们经历了这个从口头学习到书面呈现的过程，自然比其他孩子强一些。

冰冰有时候会缠着妈妈讲一些小故事，最开始妈妈是非常好奇的，可是常常听了几句就发现，孩子讲的并不是什么新故事，是前几天给她念的睡前童话，再用自己的方式简单复述了一下。

妈妈就问："这不是前几天妈妈给你讲的'狼和小红帽'的故事吗？怎么变成了'狮子和小男孩'了呀？"

冰冰脸红了一下，却强调说："不是不是，不是你讲的那个故事，是我自己编的，你继续听听啊！"

妈妈又听了听，发现的确就是"狼和小红帽"的故事改版，而冰冰还坚持是自己创造的，这就让妈妈觉得有些生气了——她不觉得孩子复述故事是错误的，但她怎么能说谎呢？

于是妈妈又将冰冰教育了一顿，冰冰一下子颓废多了，嘟囔道："以后再也不给妈妈讲故事了。"

有些时候，孩子会将简单的复述错误地看作是自己的原创，家长如果发现了，最好不要戳穿他们，而是鼓励孩子去创造和发挥。因为复述就是孩子在练习讲故事，他们可能并没有意识到自己在复述，满心沉浸在"创造"的成就感中，如果我们不是关注孩子的故事，而是一味地去纠结孩子到底有没有"原创"，只会打击到孩子的自信心和创造欲望。

听孩子讲故事，爸爸妈妈可以实现跟孩子的深度沟通，在孩子的故事中看到他们自己的观念和想法，认识到孩子正在塑造的价值世界。家长跟孩子一起构建一个故事，或者进行沟通交流，就是在对孩子的世界进行引导和影响，这不仅是针对一个故事的，更跟孩子的成长有密切关系。

同时，孩子讲故事就是在落实他们天马行空的想象力和独一无二的创造能力，创造能力不是空泛的，需要让孩子在生活中去实施，不断运用才能得到发展，而讲故事就是最简单有趣的方式。所以，不要阻碍孩子讲故事，你的孩子正在用自己的办法来锻炼能力，请给他们多一点耐心和包容吧！

好妈妈手记：鼓励孩子编故事

如果你的孩子喜欢给你讲故事，那你一定要记得鼓励他；如果你的孩子没有给你讲过故事，你可以教导他去开口编一个新故事。讲故事对孩子能力的锻炼是很有必要的，爸爸妈妈们千万别把它不当一回事。

1.教低龄的孩子讲故事——以父母来讲为主。

孩子讲故事的能力是逐渐培养的，一开始他们可能只会复述几句故事中的话，但慢慢就会组织自己的语言。所以不要指望小孩子能主动编出有趣的故事，我们应该将父母编故事的过程变得更加有趣一点。

经常给孩子展示一些图片，发挥父母的想象力，去给孩子讲述一个故事。一边讲，你要一边用手指着图片上的关键人物或者物品，让孩子意识到故事与图画之间的联系。这可以锻炼他们的联想能力，让孩子渐渐学会自己去联想和编故事。

2.教幼儿园时期的孩子讲故事——家长多给孩子讲新故事。

幼儿园时期的孩子已经开始学会自己讲故事了，但是他们的故事"素材"可能不那么多，就需要从父母的故事当中吸取一些经验。所以我们在教导这些孩子的时候，一定要记得"求新"，多寻找一些新的故事来给孩子讲。

讲完后，要有意识地让孩子复述其中的某些片段或者内容，让孩子能完成一个"模仿"的过程。当孩子在模仿之后，他们就能学会如何自己创造了。

3.教孩子讲故事要让孩子会抓重点。

有些孩子的故事之所以听起来没有头尾或者毫无乐趣可言，就是因为孩子不太会抓重点，所以讲述的故事没有逻辑性，让人听起来一头雾水。

但是抓重点不是一时就能做到的，孩子在讲故事上的能力也得到锻炼，我们可以有意识地强调每个故事的名字、主人公的名字或者主要情节，让孩子多去关注这些内容，然后手把手地教他们去编写一个故事。当然，在这个过程中，最好让孩子自己去想象和创造情节与人物，家长的任务则是从旁梳理。只有这样，孩子才能在讲故事过程中不断成长和提高。

引导孩子讲故事，并不是浪费时间的活动，它能产生的有利影响甚至比让孩子单纯听故事更加深远。

"一起把故事画出来吧"

——怎样才能让故事教育更深入？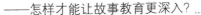

对大多数父母而言，讲故事是教育孩子当中最轻松的一个环节，因为每个孩子都喜欢听故事，都对故事怀有好奇心，所以他们会非常主动地配合父母，绝对不会出现"非暴力不合作"的情况。但是这一无往不胜的利器有些时候也会遇到一些例外，有的父母就非常苦恼，为什么自己的孩子不喜欢听故事呢？

这种时候咱们先不要急着从孩子身上找原因，爸爸妈妈不妨想一想，是不是我们讲故事的方式太枯燥了，情绪太单调了，所以孩子没有从中获得乐趣呢？

喜欢听故事的孩子必然有一个擅长讲故事的家长，他们在讲故事的时候可能从语气、动作等方面表现得非常夸张，从而营造出绘声绘色的讲故事效果，孩子自然就被吸引，愿意沉浸在父母构造的故事环境当中。但也有一些父母似乎天生缺乏这种技巧，对给孩子讲故事这件事也不够重视，导致他们将讲故事当成一个任务去完成，不仅在讲述时没有针对孩子的需求进行调整，而且语调、语速等方面也过于平铺直叙。与其说是讲故事，倒不如说是父母在念催眠经，孩子听了急着睡觉还来不及呢，更别说提起什么兴趣了。时间久了，孩子就会失去听故事的欲望，有时还会抗拒父母给自己讲故事。

虽然每个孩子的童年都离不开故事，但他们对外界未知的求知欲和好奇心却是各有不同的，这也体现在了他们对故事的专注程度上。

案例一

小胖是个很喜欢听故事的孩子，妈妈在家时，他每天晚上都要缠着妈妈给自己讲各种各样的童话故事，有时遇到自己喜欢听的内容，还要央求妈妈再多讲一遍，不然都不肯睡觉。所以妈妈经常打趣道："你就是个故事喂大的孩子。"

最近一段时间，妈妈的公司要安排她出差，所以每天的睡前故事时段就由爸爸来代劳。一开始小胖还是很高兴的，爸爸也跃跃欲试，想要在这段时间里跟孩子进行更多的感情交流。可是也许是缺乏讲故事的技巧，也许是爸爸平时的话太少了，他在讲故事这方面实在是缺乏表现力。一拿起故事书，他就开始逐字逐句地按照书上的内容给孩子"朗读"，而且语气非常平淡，没有必要的感情起伏，速度也有点快了。小胖一开始有点跟不上爸爸的语速，没听明白他到底在讲什么，再加上爸爸的语调实在是太平淡了，让他很快就失去了听故事的兴趣，竟然快速睡着了。

爸爸还以为是自己的故事发挥了效果，于是坚持每天晚上来给小胖讲故事，直到他睡着为止。他不知道的是，小胖之所以可以这么快睡着，全有赖于他那催眠一样的讲故事技能。

这样坚持了不到一周，小胖终于忍不住发声了："爸爸，你快回去吧，晚上不用给我讲故事了。"

爸爸还有些摸不着头脑，孩子不是很喜欢听故事吗？为什么这一次主动提出不让父母讲故事了呢？

这位爸爸实在是太粗心了，到现在还没明白自己的孩子排斥听故事的原因。由于孩子不能进行自主阅读，所以他们对语言文字的理解和训练都源于父母给他们讲的故事。在这种情况下，为了方便孩子理解情节、明白逻辑，我们讲的故事一定要简单，而且讲故事的速度一定要慢，这样孩子才能够理解清楚，跟上我们的节奏。有些父母在讲故事时并没有顾及孩子在理解能力上的欠缺，却一味地按照自己的节奏去讲，这就是完全浮于表层的故事教育。这样的故事教育只是满足了父母"教育"的欲望，却并不能让孩子从中学习到什么。

还有的父母在讲故事上缺乏一定技巧，无法将孩子的注意力吸引过来，也不能让孩子产生兴趣。一旦这种情况在孩子的意识中产生了既定印象，他们就会对听故事这件事完全失去兴趣，不仅不愿意通过故事来接收外界的信息，而且还有可能影响他们之后的自主阅读情况。

孩子天生就具有好奇心，这种好奇心鼓励他们去探索、去创造，而讲故事就是激发他们好奇心和探究欲望的一种方式，继而让他们愿意去创造属于自己的故事。如果我们的故事讲得不好，从引起孩子的好奇心变成了打压好奇、磨灭探索欲，那么还不如不讲。

案例二

菲菲妈妈就是一个会讲故事的典型。每次给菲菲讲故事时，菲菲妈妈都像是在进行一场表演，配合着自己的手势、动作和表情，形象展现了每一个角色的情绪和语言。菲菲经常看着妈妈就笑了起来，就是因为觉得妈妈的表演太夸张了，连她都给逗笑了。

爸爸就问妈妈："你不担心这样在孩子的心里失去父母的权威性吗？别让孩子以后变得没大没小的。"

菲菲妈妈却很不赞同这种说法，她认为父母在孩子心里本来就不应该是权威的代表，而应该是朋友和玩伴。她自己通过这种夸张的表现，可以让孩子的注意力更多地被故事内容所吸引，对听故事这件事产生兴趣，产生主动学习和探索的欲望，而这才是最重要的。果然，最近这段时间菲菲已经不满足于从妈妈那里获取故事了，她开始主动要求学着认字，这样以后就可以自己去看更多的故事。

妈妈正确的引导，让菲菲产生了主动学习的欲望，这就是讲故事的正确方法。我们可以将讲故事的方式变得更加灵活，进行深度的故事教育，让孩子可以在故事当中获取更多知识，培养更多能力，最重要的是产生足够的兴趣。

好妈妈手记：讲故事也要"有声有色"

讲故事并不是一件简单的事情，不是家长拿起一本书张开嘴读就可以做到的。如果只是花上一点时间给孩子念念书本上的内容，就算是好的教育，市面上也就不必有那么多琳琅满目的亲子阅读班、亲子阅读课了。和孩子一起阅读或者给孩子讲故事，不仅仅是在传达信息，更需要让孩子以积极愉快的方式主动接收传达的信息，后者可比讲故事本身难得多。

所以我们应该把讲故事这件事经营起来，让它变得"有声有色"，才更容易吸引孩子的注意力。

1.给孩子讲故事时注意自己的语调和语速。

作为讲故事的人，语速一定不能太快，因为你对面不是一个理解能力正常的成年人，而是一个尚在成长阶段的孩子。对孩子的理解和接受能力有一定了解，可以帮助你调节好语速，力求让语速处在一个能让孩子理解又不至于让他感到厌倦的范围内。这个范围的把握需要我们和孩子之间进行深入沟通，才能够了解他对语言掌握到了什么程度。

讲故事的语调可以直接决定这个故事是否精彩。孩子获取故事的信息并不是从书本上，而是从你的口中。如果你的语调太过平直，缺乏起承转合，在精彩之处不能营造出扣人心弦的气氛，故事的效果就会大打折扣。甚至对精力旺盛、注意力不容易集中的孩子来说，不够良好的故事气氛，还会导致他的专注力进一步下降。

2.故事也可以通过表演的方式传达出来。

我们在讲故事时，总是在塑造不同的角色，而每个角色之间会有较长的对话。在这种情况下，父母完全可以一人扮演多个角色，通过表演的方式给孩子塑造出不同角色在发言的感觉。扮演角色时一定要注意不同角色讲话时的语气、表情，这样孩子才能一下子就分辨出你到底在表演谁，并且通过这些更加直观地感受到故事情节和剧情的魅力。

3.画画或者唱歌都可以成为故事的表达方式。

讲故事也可以与艺术熏陶结合在一起，我们可以通过画画的方式来给孩子讲故事，一边讲一边在纸上跟孩子一起画出我们脑海中的图像。这种方式可以鼓励孩子在听故事之后自主思考和理解，并且通过画画的方式将其表现出来，对孩子的创造力提升有非常好的影响。

当你的孩子学会用画笔或歌喉来表达感情，表达自己的想法，他的思维能力和想象力就变得越来越丰富了。

第四章

我家有个"十万个为什么"
——好奇是创造力的源头

第14种 "为什么天不是红色的"
——这个问题怎么回答？

　　孩子们的童言童语经常让父母感觉到惊奇，他们不仅喜欢问问题，而且问问题的角度特别刁钻，有时候爸爸妈妈都忍不住会抱怨："这孩子可真是我的小克星，他该不会是故意出题考我吧！"

　　面对孩子稀奇古怪的问题，父母的表现是各有不同。有的觉得孩子的问题太古怪，难以招架；还有的则觉得自己孩子提出的问题非常可笑，没有回答的意义。如果你产生了后者这样的想法，那么我就得提醒你了——千万要提高警惕，**不要嘲笑自己的孩子**，哪怕他提出的问题在你眼中实在毫无价值。

　　家长可能会说："我们是孩子的爸爸妈妈，呵护他们还来不及呢，又怎么会嘲笑孩子呢？"大多数父母都抱持着这样的想法，的确他们不会用过于讽刺的语气去嘲笑自己的孩子，但很多时候表现出的不赞同或不认可，对孩子的幼稚而敏感的心而言就是一种嘲讽。还有些时候，我们对孩子的意见或者问题总是以忽略的态度应对，这种不够重视的表现本身也是对孩子积极性的一种嘲讽。它们都在明晃晃向孩子宣告："你的事情并不那么值得人重视。"

很多时候孩子们在生活当中都会产生各种富有童趣的想法，而父母的态度直接决定了他们能否将这种童趣与幻想继续保持下去。

案例一

在饭桌上，一个孩子看着满桌子的美味食物，不禁发出了这样的感慨："为什么人没有两个肚子呢？"

孩子的妈妈在旁边听到了，并没有想着去探究孩子为什么这样说，而是下意识地回答："可别说胡话啦，要是人有两个肚子还不成了怪物？这孩子就是傻里傻气的。"

可能是因为有客人在家，所以妈妈才会用这样有些"嫌弃"的语气形容孩子，以表现自己的谦虚，这样的场景在中国的许多家庭都曾经出现过。但人们并没有注意的是，孩子可不理解这其中的内涵，他们只知道自己被母亲嫌弃了，问题被别人嘲笑了。

果然这个孩子听到了妈妈的话，就瘪瘪嘴低下了头，一言不发地吃起饭来。

反而是旁边的客人摸了摸孩子的脑袋问道："你为什么想

要有两个肚子呀？”

"因为有两个肚子就可以吃更多的好吃的，这样多好啊！"孩子这样回答。

客人没有嘲笑他的答案过于童趣，反而一脸认同地点了点头："没错，你的想法真好。要是我有两个肚子的话，一定把世界上所有好吃的都吃一个遍。"

听到这话，孩子的脸上重新挂上了笑容，使劲儿点了点头，连吃饭也变得开心起来了。

其实有些时候，他们的童言童语和幼稚的问题并不指望我们提供一个十分合理的答案，这只是孩子将自己内心产生的疑问表达出来而已。如果你对孩子的问题感到无措，不知道该怎么回答，千万不要用"这个问题没有意义"等有否定态度的话来敷衍孩子，也不要嘲笑孩子过于天真，提出这样连一点常识都没有的问题。要知道成人世界的思考方式与孩子是不一样的，哪怕他的问题是"天为什么不是红色的"这样看似完全违背常理的疑问，你也不应该粗暴打断或者否定。

不知道怎么回答他们的问题，该怎么办？很简单，你只要顺着他们的话，表达自己的肯定和对这个问题的赞许就行了。这样孩子提问的积极性就能一直延续下去，他总有一天可以提出那些令你眼前一亮的有价值问题，也总有一天会在自己的提问当中展现出独特的思考模式。

但是如果你对孩子的问题进行了嘲讽或者否定，结果就完全不一样了，孩子只会越来越少地产生疑问，即便有也不愿意向父母提出，因为他们知道得到的回馈一定不是自己期待的，所以就下意识压抑了自己提问的渴望，这也是在压抑他们好奇与创造的天性。

案例二

小强从小就显得少年老成，跟一众还在胡跑胡玩的孩子相比，他显得特别稳重，而且小小年纪就懂得了许多科学知识。但在我看来这个孩子却缺乏儿童的天真与活泼，也没有展现出孩子应有的好奇心与创造力。

我问孩子："你们知道树叶为什么会哗哗响吗？"

大多数孩子都说是因为树叶被风吹动了，但在我的引导下，有些孩子就展开了奇妙的想象。他们把风拟人化了，认为是风婆婆在推动树叶，所以产生了响声，还有的则觉得是树叶自己在摇摆，这是属于他们的歌舞。孩子们的想象力，仅仅因为树叶在响这一个意向，就得到了扩展。

只有小强一直坚持树叶在响，就是因为有风吹动，所以不同的叶子之间产生摩擦和撞击。我问他，你就不想做一下其他的想象吗？

他的回答很简单："那些都是假的，是不切实际的。"

后来我发现小强的父母在教育他时，过早地给孩子灌输了太多的科学道理。只要孩子提出的问题是不符合现实、不符合科学实际的，他们就会嘲笑孩子的问题，是胡思乱想，并且试图用完全理性的思维去解读。所以在他们给孩子构建的世界里，天一定要是蓝的，树一定要是绿的，万事万物的发展都只有一个选择，所有不符合实际的情况都绝不可能存在。

这让小强学到了知识，但也同时让他失去了孩子的创造力和想象力。甚至他连问问题的好奇心都没有，因为他常常担心自己的问题是不是不合逻辑，会不会被别人笑话。

小强的这种担忧一定是有原因的，根源就来自父母曾经多次对他的打击和嘲讽。他们觉得，排除了小强的胡思乱想，给他灌输了更科学的知识，孩子就可以更加健康地成长。殊不知孩子完全失去了提问的欲望和对新事物的好奇，这不仅会让他们在能力上有所欠缺，在未来也很容易产生厌恶学习，不能主动探索的问题。所以当孩子产生问题时，我们不要急着给他们灌输知识，呵护他们提问的这种心情与天马行空的想象力更加重要。

好妈妈手记：不要嘲笑孩子的任何问题

幼年时代，孩子正处于一个培养自信、建立健全人格的关键时期，如果父母对孩子不能给予足够信任，不能让他们感受到来自父母的关怀和支持，孩子们就会变得不够自信，所以当孩子愿意跟你交流，愿意提问时，千万不要用嘲讽或者漠视的态度对待，这样会让孩子的性格越来越内向，越来越自卑，甚至只愿意将自己束缚在狭小的圈子和世界里，不愿意主动去探寻外界的未知，这对他们的发展是极为不利的。

如果父母也习惯了排斥孩子的问题或者嘲笑他们，会让孩子在父母这里无法获得安全感，安全感缺失会一直在他们成人后对他们产生影响，幼年时没有获得别人足够肯定的孩子，在长大后就会过于介意别人的看法，他们的一切行为都是以想获得别人赞许或肯定为出发点的，而不是发自内心的选择。

所以，无论何时，我们都不能嘲笑自己的孩子，尤其是在他们展露出创造力，小心探索世界时。你要鼓励他们去迈出更大的一步，要给他们足够的支持，而不是冷嘲热讽。

1.孩子们幼稚的问题可能隐藏着自己对世界的认识，我们要学会鼓励。

对孩子提出的任何问题，我们都应该采取鼓励的态度，也许你会觉得他们的想法是童言无忌，会觉得他们的问题太过幼稚，但这其中都藏着孩子现阶段的世界观，或者变相展现着孩子的天赋。

所以面对这些问题，我们千万不能嘲讽他们，应该理解接受孩子的想法，并且用鼓励的方式对待。同样的意思，我们也能够用更加委婉的态度来表达，不要总是表现你的不认同，责骂或嘲讽孩子，这些都是一个不合格的父母才会做的事情。即便你觉得孩子的提问是错误的，用积极乐观的态度去鼓励孩子多尝试、自己寻找问题的答案，也比直接否定来得更好。

2.耐心对待孩子的提问，哪怕他的问题毫无意义。

越是年幼的孩子越容易提出一些我们看来毫无意义的问题，而且他们还喜欢重复提问，仿佛没过多久就将答案忘记了。时间久了，父母就会对孩子的提问有些不耐烦，他们认为拒绝孩子一两次并不会产生什么影响。殊不知，你拒绝的并不是一个问题，而是拒绝了与孩子交流，拒绝了引导孩子成长。

对待他们每一个微小的问题都应该有足够的耐心，孩子就是靠着这些问题来认识世界，就是通过这些问题来展现好奇心和创造力。哪怕此时，这些问题还显得没什么价值，但它对孩子的成长来说却是无价的。

3.不要只注意孩子的提问，多探究他们为什么会这么问。

孩子提出了一个简单的问题，但在背后可能经过了你所不知道的复杂思考。但是他们并没有将内心的思考过程告诉你，所以很多父母会觉得孩子的问题没头没尾，让人摸不着头脑，或者觉得很无聊。到时候千万不要只聚焦于这个问题就回答，我们可以多问问孩子为什么会提这个问题，让孩子将提问背后的思路告诉你。

这样可以帮助你更好地理解孩子的想法，知道该怎么就这个问题进行回答。同样这种方式也能让孩子再一次进行有逻辑的思考，锻炼他们的思维能力和创造力。

"冰化了，就成了春天"
——孩子的说法好像不太对？

孩子总是有很多问题，孩子也有很多答案。有些时候，孩子会给你一个看似不那么正确但很有趣的说话，在这种情况下，你是否应该说"不对"呢？

我曾经看到过这样一则故事，课堂上，老师问孩子们："你们知道，冰化了是什么吗？"

在老师眼里，这是一个简单的生活小科普，冰化了就成了水，只要注意观察的孩子都能得出答案。很多孩子都大声说出了"水"的答案，这让老师很满意。

只有一个孩子的答案是意料之外的，他对老师说："冰化了，就成了春天。"

老师愣住了，这个答案看起来那么不同寻常，她犹豫了一下，还是对这个孩子说："你的问题不太对，冰化了就成了水。"

我知道，这位老师是想从知识的角度去解释这个问题，所以最终还是否定了孩子的说法。但她绝对不会想到的是，她否定的是一个多么美妙的创造！一个多么棒的想法！

冰化了就成了春天，这是怎样富有想象力和浪漫情怀的孩子才能给出的答案呀！如果是在我的课堂上，我一定会让所有小朋友给他报以热烈的掌声。

其实，给孩子传播知识和保护孩子的创造力、想象力并不矛盾，我们可以告诉孩子现实生活中的现象，也可以肯定他们的创造。**相比之下，一个生活常识显得那么不重要，它早晚会被孩子了解，但想象力一旦被压抑了，就可能再也无法塑造起来了。**

案例一

几天前，科科指着天上的云，对爸爸妈妈说："看，妈妈，那朵云看起来像线球，圆圆的，软软的。"

"我想和这孩子讨论一下，"爸爸突然说，"怎么可能像一个线球？你应该说云看起来像棉花，或者像一大块棉花糖。"

听了他父亲的话后，科科不高兴了。虽然他点了点头说，他也觉得这个云彩更像棉花，但他似乎不太高兴。

可以看出来，科科并不是真心这样想的，而是屈服于父亲的权威，被迫接受了一个惯性思维。

妈妈注意到了，就对孩子说："你的答案比你爸爸的答案更好。这片云是圆的，真的很特别，就像一个线球一样！"

这位妈妈一直觉得，孩子的想法不应该被束缚，尤其是他们提出的问题，为什么要给他们一个标准的答案？她不知道，自己的想法是对还是错。

这种想法当然是对的。**很多时候限制孩子的不是别的，正是"标准答案"**。一个永远回答中规中矩，标准得像是参考书附录答案的孩子，可能在外人看起来是优秀的，但他一定缺乏一些创造力和打破常规的能力。

在生活中，我们经常发现孩子就像科科，会问各种奇怪的问题，或者让你解释你无法想象的问题。一个你觉得再正常不过的问题，他们可以给你一百个不同的答案。

然而很多父母面对这样的情况，第一个想到的就是让孩子去接受"正确"的答案，让孩子回到大人的思维框架中。

科科的爸爸说，在成人世界里，云就像棉花一样，但为什么不能像其他东西一样呢？为什么要对孩子的回答给出一个标准答案？"棉花"到底是标准答案，还是只是曾经有人做出的某个回答？你怎么就能确定它是"标准"和"正确"的呢？这个死板的回答让孩子很容易被束缚。

案例二

鸣鸣妈妈在别人眼中是一个特别"有童心"的妈妈，在孩子面前则是一个"不知道"妈妈。

呜呜的很多问题，在妈妈那里往往得不到直接的解答，不管他问什么，妈妈的回答都是"我可能也不太清楚，不如我们一起去探究吧！"在呜呜眼中，妈妈虽然没那么万能，甚至有点"笨"，却是最好的妈妈，因为她能把每个问题都解读得特别有意思，还尊重自己的想法。

　　而事实上，呜呜妈妈并不是不知道问题的答案。作为中学老师，呜呜妈妈有很多机会去给孩子灌输课本上的知识，让孩子提前学到内容，但是她拒绝了。因为在她眼中，这样只会限制孩子的想象力和探究能力，不能带来任何好处。

　　幼儿园阶段，孩子在思考过程中，他们思想的建构和发展是无限可能的，所以我们不能过早地灌输成人世界的规则和答案。让孩子产生自己的理解和判断，有自己的想法，不能由父母来告诉他们该做什么，如何正确地做，这样孩子的创造力、想象力和思维方式就会有好的发展。

好妈妈手记：永远不要限制孩子的答案

　　你如何回答你孩子的问题？需要给他们一个标准的答案吗？

　　而且，如果孩子回答了你的问题，答案和你想的不一样，你应该纠正他们吗？我们的建议是尽量不要给孩子提供一个标准的答案，也不要给孩子参考答案，而是让他们自己去思考。

1.可以和你的孩子谈论一些没有标准答案的开放式问题。

这不仅使孩子的思维更加灵活，而且父母也不必担心孩子会犯常见的错误。对于这个世界上是否有外星人，或者你认为他们会是什么样子，没有标准的答案。

2.尽量不要讨论常规答案的问题，比如"书本是方形的""2＋3=5"，等等，这些都很容易影响孩子的思维。

与其直接回答孩子的问题，不如试着和你的孩子一起回答。

当孩子向你提出问题时，即使是标准答案，也不要直接告诉他们，但要和孩子一起思考，然后不断地提出问题，引导孩子去探索并得到答案。例如，如果孩子问："为什么在多云的时候就可能会下雨？"你可以和你的孩子一起分析"你认为雨是从哪里来的"和"为什么天空是多云的"，用这些问题引导孩子思考，然后做出判断。

这不仅可以锻炼孩子的逻辑思维，还可以帮助孩子学会自己判断事情，而不是限制孩子的思维宽度，家长也可以更关注这方面的问题。

3.通过游戏让孩子们接触到世界。

在幼儿园的这个阶段，孩子接受的最好的教育不是一个高级的学前课程，不是小学课堂的翻版，而是游戏的学习和娱乐。游戏是孩子成长的一种方式。他可以体验生活，体验心灵和智慧的成长。他的想象力和创造力也在游戏中得到了发展。

因此，让孩子通过游戏学习，在幼儿园阶段充分发挥"玩耍"的作用，并不是阻碍他们发展的不科学的方法，而是让孩子成长更为科学的方法。所以，我们在生活中灌输更多的"想象力"的事情，和孩子一起玩"颠倒"，不要让他们过早地接触到复杂的科学知识，如"为什么水沸腾"不告诉他们"在100℃水会沸腾，然后变成一个气"，这是一个太科学的解释，而是让他们想象，想象一下，水是一个大组，例如，里面的小家伙太热所以急于逃跑，在沸腾。这种看似不科学的解释仅仅是为了对他们的好奇做出一些善意的解释。

让孩子相信圣诞老人的存在，是父母对他们的想象力和童年的关心，如果你早点告诉他们"世界上没有圣诞老人"，对孩子有好处吗？所以，不要让你的孩子过早、过多接触到科学的、常规的问题，多给他们一些想象力和创造力发挥的空间。

第16种 "这样真的对吗"
——为什么孩子总是爱怀疑？

　　总有一些孩子看起来像是怀疑论者，他们会对生活中一切可能产生疑问的事情提出质疑。"你说的到底是不是真的""这样做真的对吗""我觉得也许另一种方法更好"……孩子的这些质疑，在很多家长眼中就是不乖的表现，他们认为是孩子不服管教或是在挑战父母的权威。然而，事实真的如此吗？

　　你的孩子总爱质疑，其实是一种好事。过去的教育里，我们总是给孩子灌输"家长说的就是对的"这样的理念，企图树立父母的权威。这样的确会让孩子信赖父母，变得更听话、更懂事，但也同样给他们造成一种错误的印象——父母的话就是真理，就一定是正确的。

　　然而没有哪个人是完全不会犯错的，我们也不能说自己所坚持的理念就一定正确。当我们将错误的理念传达给孩子时，如果孩子没有质疑精神，总是一味地相信，他们就将我们的错误复制下来了。想让孩子成为比父母更加优秀的存在，想让他们创造出我们所不能的成就，想让他们以更有眼界的态度去看人生，我们就不能让孩子被父母的成就所局限。所以**我们不应该让孩子一直听信自己，他们愿意质疑，正意味着他们开始产生了自己的思考和判断，意味着他们正在长成一个独立的人。我们应该因此而感到愉快，而不是产生被冒犯的不满。**

案例一

小夏妈妈是个博学多才的人，平时也想将孩子培养成为一个有才华、有知识的孩子，所以总是抓紧一切机会给孩子进行"科普"，让小夏小小年纪就懂得了许多。比如，跟妈妈一起去油菜花田里，小夏就会学到油菜花是什么样的，什么小虫子是它的敌人，什么小虫子是它的朋友，这让小夏在知识层面上比很多小朋友都强。

慢慢地，小夏开始有了自己的思考，也会对妈妈提出的问题进行反驳了。比如妈妈说，阴天了，要下雨了，小夏就说道："妈妈你说得不对，阴天了不一定会下雨。"

妈妈感到很意外，说："你为什么这么说呀？"

小夏说："上次去奶奶家，阴天了就没有下雨，而且一直都没下雨。"

妈妈哭笑不得，最后只好总结为"孩子实在是太实诚了"，连这么一个小问题都要挑错。

其实，小夏敢于对妈妈的话提出质疑，并且给出另一种合理的解释，就是他有质疑精神的体现。一个孩子能有这样质疑的勇气和尝试，是非常值得鼓励的，这说明小夏自己去观察了，去思考了，而且得出了独立思考的结果，并且愿意在权威面前仍然坚持自己。能做到这一点，孩子必然是有自信心的，也是敢于跳出框架思考的。

这就是我们所需要的创造力。每一个有创造力的人都敢于跳出框架去思考，只有这样他们才能做出和别人不同的判断，或者产生跟别人不一样的想法。

案例二

小萌是个比较内向的孩子，平时不爱表达自己的想法，归根结底就是因为有一个强势的妈妈。在家里，小萌的一切时间都被妈妈安排好了，只要她有什么不同的意见，妈妈就会通过各种方式驳回，根本不尊重小萌的想法。

哪怕是生活中的小事，小萌也很少有机会表现自己的意愿。比如早上，妈妈要小萌穿着红色的外套去学校，但是小萌就想穿前几天刚买的黄色外套。

她难得坚持着要说服妈妈："妈妈，红外套上次穿了还没有洗，我就穿黄的吧，这两天穿正好。"

小萌妈妈却习惯了给孩子安排一切，自发地将小萌的诉求当作"孩子喜新不穿旧"，不仅没有答应，还教育了小萌一顿："难道有了新衣服就不想穿旧的了？你这个坏毛病是谁惯的？"看到妈妈生气了，小萌立刻不敢说话了，也不敢再提穿新衣服的事情。

小萌妈妈这样的家庭教育，就是在有意识地树立家长的权威，这对培养孩子的质疑精神是非常不利的。事实上就是如此，小萌不仅没有质疑的勇气，而且连跟妈妈表达自己意见的想法都没有，这就是因为妈妈对她实在是太严苛了。

如果我们能尊重孩子的质疑精神，让孩子在一个宽松舒适的环境当中成长，就可以让他们的创造力得到全面提升。

好妈妈手记：让孩子的质疑精神来得更猛烈些

我们对孩子的质疑精神只应该抱有一种态度，那就是让它们来得更多一些。敢于质疑的孩子，意味着他们敢于挑战权威，不会被现有的规则所束缚，而这样的孩子才能跳出已有的框架去思考、去尝试，创造就是这样产生的。**一个有创造力的孩子一定具有质疑精神，如果不能怀疑"已有的是错的"，他们就不能创造出对的。**

为什么有些人能创造，有些人却不能？其实那些不能创造的人未必没有能力，但他们习惯了生活在圈子里，习惯了认同规则，认可权威。他们并不认为自己的规则和框架是有错的，所以就压根没有过有创新的思考，也就错失了创造的机会。但有些人则不同，他们的思维没有被任何框架所束缚，也没有拜服于任何规则和权威，正是因为他们的质疑精神，让他们能够打破樊笼，创造出新东西。

所以鼓励孩子去质疑是对的，我们应该培养孩子的质疑精神。对此，妈妈可以像下面这样做。

1.给孩子胆量去质疑。

虽然我们经常说要消除父母的权威性，但成年人在孩子的心中本身就具备不可消除的权威优势，尤其是父母这样独特的存在。哪怕你再坚持跟孩子平等做朋友，孩子在大多数时候也是将父母看作权威的。而这就在无形当中限制了孩子的思维，所以我们必须要主动去鼓励他们质疑，给他们胆子去质疑。当孩子对某件事情产生与我们不同的看法时，哪怕他只是稍有犹豫，并没有表现出来，你也要去关注，并且引导孩子说出自己内心真正的想法。即便孩子的话推翻了我们已有的说法，哪怕他们说得并不对，我们也要对孩子"敢说"这一方面进行肯定。

这就是在给他们质疑的胆量。有了底气，孩子们才敢大胆表现出自己的想法，才敢自由自在的想象。不过需要注意的一点是质疑并不代表就是不尊重孩子，质疑精神是应该是有理有据的，不是在纵容孩子不尊重长辈，二者之间的区别一定要把握好。

2.主动给孩子质疑的机会，培养他们的这一兴趣。

很多时候孩子们之所以没有质疑精神，是因为平时压根没有质疑的机会，大多数时间，父母都会在孩子产生疑问时就将正确答案送到他们面前，这让孩子根本没有思考和质疑的时间。我们完全可以给孩子一点时间自行思考，然后给他多个答案让其选择。在孩子已经熟知的问题上，我们甚至可以故意选择一个错误的答案来考验他，看看他到底能坚持自己的想法，还是愿意顺从父母。这样的次数多了几次，孩子就明白，父母选择的不一定是对的，他们就敢于对我们提出质疑。

3.让孩子明白质疑的重要性。

我们都知道质疑精神是创造力的基础，没有质疑精神的孩子无法创造出他人想不到的东西，但孩子未必明白这一点。当他们大一些，具备一定理解力的时候，父母在教育的过程中完全可以将自己为什么要这么做、为什么鼓励他们这么做告诉他们，让孩子自己理解，并体会到质疑精神的重要性。只有知其所以然，孩子才能更好地知其然，让他们懂得自己行为背后的影响力，能让孩子更加积极地去质疑。

4.质疑思维应该是科学的。

培养孩子的质疑精神，并不是让他们学会跟一切唱反调。一定要让他们明白质疑应该是有理有据的，是科学的，是发自内心的真实想法。有些孩子会为了特立独行吸引别人的目光，故意跟别人唱反调，这并不是一种积极的质疑，而是无理取闹。

能质疑的孩子，应该学会在质疑的同时提出自己的见解，将质疑的原因解释合理，这就是一种科学的质疑方式。只有这样，孩子才能在正确的道路上成长，用合理的质疑精神去打造自己的创造力。

第17种 "你觉得这是什么"

——怎样提问对孩子更有益？

　　相信你也有这样的感触，那就是孩子的脑袋大概都装着一部《十万个为什么》，他们总是爱缠着家长提出各种问题，很多父母虽然被孩子们困扰，却也享受这个快乐的时刻——这意味着孩子的思维很活跃。以前的时候，如果一个孩子很喜欢问问题，父母可能会感觉不耐烦，并且对孩子的问题也不够重视。但现在，人们发现小孩如果喜欢提问，可能就是思维活跃的表现，能够让孩子在提问过程中锻炼思考能力。

　　所以，父母的态度在孩子问问题这件事上产生了巨大变化，从"小孩子哪有这么多问题"转化为了让孩子主动提问。这样当然是很好的，不过除此之外，我还希望父母可以来个"反客为主"，不仅单纯解答孩子的问题，还要变成提问者，给孩子提问，让他们为你解答疑惑，也许更能帮助孩子进行积极的思考、创造，并且培养孩子的表达欲望。

这个过程中，家长该怎么"发问"，直接影响孩子的回答质量。不信，我们来看看下面这位苦恼的妈妈遇到了什么问题。

案例一

李女士最近遇到的最大的问题是她的孩子太"迟钝"，没有创造力。别人的孩子听小故事，可以在父母的指导下谈论他们的想法，创造一个新的故事，甚至一个更有趣的世界，这让孩子看起来很聪明。但是她的孩子呢？她每次都只是说几句话或几个字，即使李女士一直在提问题，并且"引导"孩子去回答，她还是答不出漂亮的答案。

比如现在，就是孩子的每天睡前故事时间，也是李女士最苦恼的时候。

"白雪公主是不是很漂亮呀？"她刚刚开始讲这个童话故事，就跟自己的女儿进行了交流。

"是。"

"你不觉得王后很邪恶吗？"

"是啊！"

"你想看看王子来拯救白雪公主吗？"

"想。"

……

不管她问什么问题，孩子都回答得很简洁，答案也都是中规中矩的，就是太规矩了。几句话的反应，更显得孩子有些木讷，缺乏创新。

这位母亲只担心自己的孩子，但她不知道孩子的问题根源在哪里——也许是因为她的问题没有给她的孩子自由发挥的空间。

当我们问"是不是""好不好"和"可不可以"时，实际上是在让孩子进行一个选择，因为可选的范围很少，所以孩子的回答范围很窄，只有"是"或"否"。因此，孩子被这些问题所束缚，很难展现出他们自己的创造力。他们在跟着父母的思维走，而不是自我创造。

这是一个封闭的问题。而开放的问题才能够引起更多孩子的思考，这才是父母应该提问的方式。还有的父母不仅提出封闭式的问题，更有一定的引导性，例如"你是不是应该好好学习""是不是觉得这样做不太对"，答案更是从多个选择变成了一个，孩子只能回答"应该"，因为在这个问题中，父母的态度已经透露出来了。

为了引导孩子发挥创造力，让他们开阔眼界，我们的指导问题应该是开放式的。**对孩子提问题，应该减少"选择题"，增加"填空题"，这样答案会更加丰富多彩，孩子的思维才可以调动起来，而不是在无聊的问题和答案中变得越来越僵化、越来越单调。**

上课的时候，孙老师带着一个箱子走进教室。班里的一个小男孩看见了，他好奇地问孙老师："老师，你手里拿的是什么？"

孙老师没有直接告诉他，而是笑了笑，卖了个小关子："你猜猜这是什么？"

"好吧，你现在急着把它带进教室。它一定是一个教学工具！"因为老师让自己猜，男生忽然有了探究的精神，眉飞色舞地回答。几个同学听到了，也凑过来开始一起猜。他们都显得兴致勃勃，充满好奇。

"是的，但是你知道里面有什么吗？"

"课堂上的教学工具都是根据课程内容来的，老师肯定会用它来讲课，对不对？"

"是的，你还记得我们在这节课上要学什么吗？这是我们需要使用的道具！"

"我记得我们应该在这门课上学会拼图。这一定是一个拼图游戏的道具吧！"小男孩说道。

听到答案，孙老师笑了笑，打开了她手里的大盒子——当然，里面是为孩子们设计的一套拼图游戏。大家看了，都兴奋起来，这是一节很有趣的课！

当孩子有疑问时，孙老师并没有直接告诉他们答案，而是引导孩子。她通过引导和开放式问题来让孩子猜测结果，这个过程是为了培养他们观察、推理和逻辑思考的能力，并引起孩子的注意，让孩子的情绪被调动起来，为即将上的课做一个很好的铺垫。

这种开放式的提问对孩子的思维是有益的，能使孩子的常规思维彻底地被"锻炼"，这对培养他们的创造力和联想能力有很大的益处。因为有很多可能的答案，孩子需要不断地思考、排除结果，去思考他们所能想到的每一种情况，这能锻炼孩子的思维，也正是我们所期待的。

好妈妈手记：学会给孩子提开放性的小问题

父母要做的第一件事就是避免问"是不是""对不对"和"行不行"，这是一个很大的禁忌。当你专注于给孩子提一个开放的问题时，你也应该有一个"度"，那就是意识到自己的问题不能太"开放"。太开放的问题就等于抽象，这种问题孩子很难回答。我们需要引导他们的思维，带着孩子去创造，你必须有"引导"的过程，问题应该一步一步地开展，先给孩子一个更具体的描述。

我曾经看到过一个这样的故事：

当孩子们从幼儿园回来的时候，他们的父母问了这样一个问题："你今天在幼儿园做了什么？"有些孩子喜欢玩，他们谈论着每天在幼儿园玩的游戏，所以家长们想："幼儿园让孩子每天玩，什么都学不到。"

有些孩子比较敏感，刚到幼儿园里不太适应，就说幼儿园不好，老师很凶，家长们想："明天就得找幼儿园的领导来反映一下这件事了。"

一些孩子把注意力放在老师教的新东西上，这样家长就会觉得："幼儿园很好，应该感谢老师。"

看，一个不具体的抽象问题——在幼儿园里"做了什么事"，就因为孩子们的关注点不同而产生了不一样的答案，有时甚至会因为这个问题，引起孩子的消极情绪。

而更常见的情况是，孩子对这个问题的回答是很犹豫的——因为他们一天中经历了很多事情，他们不知道该说什么，所以很困惑。

这个不知道怎么回答的状态，在父母眼里就很容易变成"孩子太笨了，连小事情都说不清楚"，时间长了也会导致孩子产生抗拒心态，不愿意跟父母交流，不愿意回答父母的问题。所以如何提问，或者如何去引导孩子，是很重要的。

我们可以遵循下面几个原则。

1.提出的开放式问题应该是具体的。

比如，想知道幼儿园里的孩子做了些什么，可以问"你今天和老师学到了什么新东西""和朋友一起玩什么""有没有交新朋友"，然后孩子就有了具体的回答方向。在这个特定的回答方向上，孩子会知道该说什么，这将激发他们表达的兴趣和愿望。

在适应了与父母的交流之后，下一步就是孩子主动表达的阶段，这是孩子积极思考和自主表现的阶段。

2.我们可以在我们的问题中做出更多的假设、举例和比较。

在文学中，假设、举例和比较都是比较有技巧的表达方式，在与儿童的交流中可以多用一下。通过混合假设、举例和比较，孩子的思维可以更加活跃，更有逻辑性。

假设，是当你问问题时，可以寻找一个切入点——"如果情况是这样的，怎么做"，然后让孩子从假设的角度出发去思考。这种思考不需要基于现实，它可以使孩子的思维更加自由，不被限制。

举例，则是当你问一个问题时，你可以用一个类似的例子来让你的孩子更快地理解那些深奥的问题，并建立联想能力，还可以帮助孩子激发其他想法。

比较，则是让孩子比较两个相似的东西。比较过程使他们对事物本身有更广泛的思考，有更好的理解。

3.让你的孩子考虑其他可能的情况。

在现实中，我们只会面临一个结果，但我们可以引导我们的孩子去思考其他的情况。例如，如果问题已经解决了，问他们："还有其他方法可以解决吗？"对于正在发生的事情，可以问"你觉得还有可能发生什么？"通过这种方式，孩子可以更全面地考虑，并提高思维的严密性。

4.引导孩子掌握描述事件的几个要素。

要更系统地来描述事件，你应该从"时间、地点、人物、起因、经过、结果"六个方面进行。了解它们的人会知道，这也是新闻描述的六个要素，也就是说只要有六个关键点，就可以简单地说一件事。

让孩子培养归纳能力，也从这些点开始。我们可以有意识地提问，引导孩子去囊括几个要点。这个过程很长，但是经过培养，他们可以通过更有逻辑的表达，让思维更有条理。

38 WAYS TO CULTIYATE
A CHILD'S
CREATIVITY

第五章

你自己动手试试吧
——让孩子的创造力具象化

第18种 "给你一把小剪子"

——让孩子动手会不会太危险？

对孩子来说，创造的过程可能很简单——有一个简单的有趣想法，动手去做、去尝试，失败了就重新开始，最终得到自己满意的成果。

没错，这就是一次创造。创造力的培养不仅要有创造思维和意识，有想象力和灵感，还要有一定的执行力，能够将脑海中构建的想法付诸实践。只会空想而不会实践，这样的孩子不叫作拥有创造力，当他们的创意只局限在脑海中，一次次只会"想"而不会实践，孩子就会逐渐失去自己的创造欲望。

所以，只有有思维、又有行动力的孩子，才能成长为有创造力的人。不要以为创造力永远停留在抽象层面，创造当然需要有成果，所以执行力也是创造的一部分。

"我的孩子倒是很喜欢动手，但是他还太小了呀，鼓捣那些乱七八糟的小玩意儿，万一受伤了怎么办？"总有一些爱孩子的妈妈，担心自己的孩子执行力太强了，生怕他们不小心受伤。可这样，我们就要阻碍孩子去动手吗？

孩子确实会偶尔在游戏中受伤，难道妈妈就因此不让孩子玩耍了吗？别说旁人看不下去，孩子自己一定是第一个不答应的！只要能参与到自己感兴趣的活动中，孩子是不怕苦、不怕累的，游戏如此，动手去创造也是如此。只要不是一些高危的、明确威胁到孩子安全的行为，我们没有资格替孩子决定做或者不做，应该由他们自己选择。

案例一

鹏鹏最近迷上了玩泥巴，这个妈妈眼中的"坏习惯"是在他去过乡下奶奶家之后才养成的。原来，在乡下的奶奶家，鹏鹏每天跟隔壁的小哥哥一起在村子里玩，玩得最多的就是泥巴。软软的黄泥添上点水，就可以捏出各种各样稀奇古怪的小动物、小玩意儿，鹏鹏一下子就被吸引了。

回家后，鹏鹏也开始找各种机会玩泥巴。开始他会在花园里寻找湿润的泥土，从自己的小瓶子倒出一点水，就开始了"捏泥人"的活动。后来妈妈发现，孩子每次出门都会弄得浑身都是土，就留心观察了一下，很快发现了他的小秘密。

"这些泥巴多脏啊，都弄到衣服上了，玩完了手也不干净，万一感染细菌怎么办？不行，别玩了，快跟我回去！"妈妈生气地呵斥了鹏鹏一顿。

从那以后鹏鹏就再也不能玩泥巴了，这让他特别难过。后来，他就在家里寻找各种机会"捏泥人"，妈妈包饺子时他就偷偷揪下一点面团，用它捏一个小猪；爸爸给鹏鹏带了橡皮泥，他就用橡皮泥来捏小房子……

当妈妈发现，鹏鹏的小泥人可以捏得惟妙惟肖、十分精致时，才发现——自己可能低估了孩子的动手能力和兴趣。原来，鹏鹏是真的很喜欢捏泥人。

鹏鹏妈妈在看到孩子捏泥人时，第一时间的反应是制止他——因为泥巴不干净，因为会弄脏衣服。但是，妈妈似乎并没有考虑过一个更加重要的因素，那就是"你的孩子怎么想"，她没有想到尊重鹏鹏的主观意识。

其实，鹏鹏是有动手能力的，也希望可以展示、锻炼自己的能力，但妈妈并没有关注鹏鹏的诉求，而是单从成年人的角度去判断一件事该不该做，就这样制止了鹏鹏动手实践的机会。捏泥巴可能的确不太干净，但妈妈完全可以给鹏鹏提供一个更好、更安全的环境去实践他的动手欲望，可她拒绝了。

因为在鹏鹏妈妈眼中，孩子动手去尝试会带来许多麻烦，既可能造成危害，又给自己增添了工作量。既然这样，为什么还要鼓励孩子动手？要是你也有这样的想法，那可实在是太错误了，**做个好妈妈是不能"懒"的，孩子的好奇心和探索欲应该放在第一位去满足，如果他因为好奇和感兴趣想去动手做些**

什么，更不应该阻拦。

鼓励才是最好的应对态度，只要动动手，你的孩子就能提高自己的想象力和创造能力，顺便锻炼协调性，何乐而不为呢？

案例二

周末，小沛在电视上看"小恐龙俱乐部"，主持人正在教大家怎么用报纸粘出一个小房子。看着他神奇的双手很快制造出了好看的小屋，小沛感到好奇极了——要是我来做一做，是不是也能创造出这么漂亮的屋子呢？

说做就做，他赶紧冲进自己的屋子，拿出了很多报纸铺在地上，还提了爸爸放在书房里的一大桶胶水，就准备动手大干一场。

爸爸看到了，忙不迭地制止："我的天啊，你这是要把家都给粘上是吗？不行，不行，清理起来太麻烦了，要是弄脏了衣服，小心妈妈骂你！"

爸爸本来想吓唬一下小沛，让他知难而退，没想到妈妈却一点都不配合，在旁边拆台道："没事孩子，你随便玩，弄脏了衣服妈妈也不怪你。"

小沛听到了，做了个鬼脸就开心地玩起来。

"你这是惯着孩子。"爸爸小声对妈妈说。

"孩子这是动手创造，是在锻炼他的能力，我高兴还来不及，才不会制止呢！这不叫惯着，这叫教育！"妈妈这样说。

每个孩子都有自己动手去实践的冲动，我们要让孩子将这种冲动落到实处，让他们真正去做，去享受做的过程，而不是停留在"想"这个环节。有些孩子之所以喜欢空想、不愿动手，就是因为父母做了太多次的阻拦者，让孩子已经忘记了还有动手这回事，这对孩子的创造力发展来说显然是没有什么好处的。

好妈妈手记：别禁锢住孩子的双手

孩子主动提出想要动手做些什么，妈妈是最该感到高兴的——你的孩子又长大啦！

他们愿意去动手，首先，说明他们开始明白自己想要什么，有独立的意识和思考能力了；其次，孩子在动手做事之前，必然经过了一番充分准备，对自己的能力、自己想做什么有规划，所以才能有条理地去做；最后，他们愿意提出这个请求，说明有实践的意识，愿意验证自己的想法，这就是积极学习的过程。

不管从哪方面看，这都是一件好事。那我们应该怎么做，才不会禁锢孩子的双手，而是能给他们插上创造的翅膀呢?

1.让孩子自由去动手探索。

只有发自内心的主动探索，才能最大限度发挥孩子的创意和动手能力。我们给孩子布置一个动手的任务，和孩子主动要求去做一件事，其结果可能就是不一样的。如果你的孩子愿意主动去做，他们能从创造的过程中得到更多成就感和愉悦，更容易满足。

2.别管孩子做得难不难，放手让他尝试。

不同的父母在孩子锻炼动手能力这件事上，态度是不一样的。

有些家长一心想让孩子做出一个"大项目"，就算不是拼装一辆小汽车，也得是搭建一个大积木城堡，只有看到这种摆在眼前的成果，爸妈才会夸赞自己的孩子"干得真好""真厉害"；有些家长却喜欢小瞧孩子，每当孩子放出什么豪言壮语时，父母想到的不是鼓励他们，而是打击他"你觉得自己能做出来""别光想，你还不一定能做到呢"……

这些态度，对孩子都不是正面信号。不管孩子动手去做的事难不难，"工程"大不大，我们都应该正视他的努力和创造，即便是最微小的成果也要赞许，更不能因为孩子心怀远大，就表现出不信任或打击他们的态度。

3.排除安全隐患很重要。

爸爸妈妈之所以不愿意让孩子动手去玩，"安全"往往是最重要也是唯一的影响因素。比如，孩子想学剪纸，爸爸妈妈之所以阻碍，大多都是害怕剪刀划伤了孩子的手。

如果是这种原因，也难怪父母会经常阻拦孩子，谁还会比他们更挂心孩子健康呢？但相比于单纯的阻拦，我们还可以排除安全隐患，给孩子营造一个适合他动手的环境，这种应对方式显然更两全其美。

担心孩子被剪刀划伤，就去买小朋友用的塑料小剪刀，再教会他们怎么用、注意哪些地方，让孩子建立保护自己的意识，比我们在一旁保驾护航更有用。

4.对孩子的动手成果，应该予以正面评价。

幼年的孩子，动手能力是有限的，即便是他们眼中的"完美"作品，在爸妈眼里一样会有不尽如人意的地方。这时候，我们应该用什么态度应对？

是做个耿直的父母，直接说"不怎么样，还有进步空间"，还是直接夸赞孩子，让他高兴？在我看来，你也许可以不去夸赞孩子的作品多么完美，但一定要给予一个正面评价。

"你超常发挥了自己的动手能力。""这是我见过你做得最好的作品。"……这样的正面评价，既不会让孩子因为你过于夸张的赞美而熏熏然，导致无法正确认识自己，也不会打击到孩子，他们会觉得更开心呢！

第19种　"妈妈，对不起……"

—— 为什么孩子总能弄得一团糟？

很多父母总是关注孩子的成绩高低，关注他们的情绪好坏，却很少关注他们爱玩什么、玩了什么。他们觉得，只要孩子吃好喝好，好好学习，剩下的玩耍时间就不必太过注意，那是孩子的自由时间，也是父母的自由时间。其实，玩耍恰恰是幼年阶段最重要的学习，我们忽视的，可能就是孩子天赋的萌芽，是一生兴趣之所在。

而很多时候，孩子的"玩"，就是在动手创造。研究表明，孩童时期培养动手能力，将会让孩子更好地展现自己的创造力。但"动手"就意味着可能给家长带来麻烦，很多孩子都会在表现动手能力的过程中，无意识地破坏东西、弄脏衣服、弄乱屋子……也因此，很多家长都不愿意孩子去动手尝试，总希望他们能"安安静静"的。

"他总是把屋子弄得一团糟。"

"只要一玩起来就疯了，老是给我闯祸。"

"老话说得好，七岁八岁狗也嫌，孩子实在是太淘气了！"

……

这样的话，是不是有些耳熟呢？

我们只能说，千万不要把孩子动手探索的行为看作单纯的"闯祸"，这其实就是一种对世界的自主探索，而下一步就是自主创造。在这本书的前面我们就探讨过，其实很多孩子在"闯祸"的同时，往往会根据自己的想法创造出一些新东西。别管那些有没有用，也不要用你成年人的价值观去评判，你应该做的就是鼓励你的孩子。因为这一刻，孩子在向你展现他的创造力，这不正是我们想得到的结果吗？

案例一

飞飞妈妈喜欢听音乐，就找人从香港买回来一套小音箱，插在了卧室的电脑上。飞飞看到了，知道这是操作一下就能放出音乐的小盒子，就好奇地凑上来，东瞧瞧、西摸摸。

"为什么这个小盒子只要连上电，就可以放音乐呢？秘密是不是在盒子里？"飞飞心想。

正好，他想到前几天爸爸讲过的，有一种叫"磁带"的东西，放在盒子里转一转就可以唱歌，也许这个小音响里面也有一个磁带呢！想到这，飞飞就更想拆开看看了。

别看他年纪小，动手能力却一点都不差，早就学会了怎么拧螺丝。于是，趁妈妈不注意，飞飞就把音箱拆开了。

飞飞妈妈回来一看，差点没被气坏了。原来，飞飞拆开了音箱，虽然没有弄坏，但就不能保修了，这让飞飞妈妈特别不高兴。看到飞飞还一脸失望地说"里面根本没有什么会转的磁带"，妈妈实在是想发脾气都发不出了。

怎么办呢？孩子什么都不懂，也不是故意的。看来以后不能将这些东西放在这个熊孩子摸得到的地方了！飞飞妈妈这样想。

妈妈觉得飞飞是个熊孩子，很多家长也都觉得自己的孩子"熊"，好像只要在家里就总在闯祸，总会做出令大人气不打一处来的举动。然而熊孩子真的只是现在才存在的吗？我们小的时候，不也曾经偷偷拆过家里的钟表、弄坏过大人的自行车吗？现在的父母在当年也是从熊孩子的阶段过来的，而在成年人眼中的淘气，其实正是他们探索世界的一种方式。

过于乖巧的孩子也许省心，但也意味着他们缺乏尝试的勇气，缺乏探索的动力，而淘气的孩子其实是拥有创造力和执行力的表现。这也就解释了，为什么许多家长都说"淘气的孩子才聪明"——这种聪明正是求知欲和行动力结合在一起所展现出来的。

　　在当当的家里，有一间特殊的屋子，被妈妈命名为"当当的游戏室"。这间屋子除了放着当当平时玩的玩具，地上铺着随时可以拆掉的塑料地垫之外，就没有其他的什么东西了。

　　但在当当眼里，这儿却是一个最有趣、最神秘也是他最喜欢的地方。爸爸给他买了小火车，他就会在这间游戏室里自己搭一条长长的轨道，看着小火车穿山越岭似的"呜呜"开着；妈妈要跟他一起画画，他们就会在地上铺上一张大大的白纸，自由自在地用颜料在上面涂抹，有时甚至会把当当的脸涂成小花猫……

　　在这间屋子里，当当永远都不用担心弄脏衣服，弄坏家具，因为妈妈告诉他："在这里你可以随意破坏。"当然，虽然这样说，没有谁比当当更加珍惜他的那些玩具了，他才不会故意破坏它们呢！

　　我们应该给孩子一个足够玩耍的空间，适当容忍他们破坏的行为——只要你能判断，孩子的"破坏"不是有意识的，而是无意中犯下的错误。破坏某些器物，这是孩子在探索世界时不可避免的一些小问题，相比之下，呵护他们这一颗好奇、探索、勇于发现的心灵比其他都重要。

好妈妈手记：适当容忍孩子的"破坏"行为

孩子的好奇心是无止境的，大多数时候对孩子的好奇我们总是乐见其成，但是如果你发现他们的好奇行为也带来了破坏，又该用什么样的态度去对待呢？我建议家长们，给孩子的行为多留一点耐心和宽容，适当容忍他们的破坏，不要一看到孩子弄坏了东西，就予以呵斥或责备。那样的教育可能能让你收获一个乖巧的孩子，但也同样让他们失去了去创造和尝试的勇气。

孩子之所以会在玩耍时破坏东西，大多数出于以下几种心态。

1.好奇心与探究欲。

拆开了小音箱的飞飞，就是因为对音箱内到底有什么、它又为什么会唱歌而产生了好奇，因此而产生探究欲望，所以才会破坏了妈妈的音箱。孩子的世界比成年人小，他们的思维却比我们更活跃，因为生活中有太多不明白的问题，所以他们特别乐于求知，愿意提问，也很容易因此产生好奇心。好奇心会让孩子提问，也会让孩子直接动手去探索，前者是我们乐见的表现，而后者更应该让你感到惊喜，因为你的孩子已经学会了自主寻求答案，而不是一味地依靠父母。

2.单纯觉得有趣。

很多孩子在玩耍时喜欢将周围搞得一团乱，或者将手中的玩具破坏了，并不是因为有什么特殊的目的，只是单纯觉得有趣而已。对他们来说，这也是一种玩耍的方式，他们并没有玩具一定要保护好的意识。

3.出于对大人的模仿。

孩子的破坏可能是无意识的，他们只是在单纯模仿大人的行为。比如，有些孩子经常趁妈妈不注意的时候就翻开她的化妆包，将里面的化妆品似模似样地涂抹到自己脸上。难道这就意味着孩子喜欢化妆吗？还是他们已经有了化妆可以变美的概念？都不是。很有可能，就是因为孩子平时看到母亲经常这么做，对此产生了好奇，觉得有趣，所以单纯进行了模仿而已。

而在父母的眼中，这可能就是一种破坏了。毕竟孩子不像父母一样有技巧，一个不小心就容易暴露自己"破坏王"的本质。

以上这些原因导致的破坏，其实本质上都不是那么不可原谅，所以父母在想要责备孩子之前，还是应该了解一下孩子为什么会破坏东西，只要不是出于有意识的恶劣破坏，我们都不应该对他们过多责备。如果孩子只是因为有探究心和好奇心理，我们甚至应该对他们的这种想法予以肯定。只有父母不断鼓励，孩子的好奇心和创造力才能不断发展。不去责备，不去打击，就是我们呵护他们创造力的方式。

不要怕孩子破坏，但我们要让孩子的破坏变得有价值。比

如，假如孩子不小心拆了家中的钟表，想看看里面的构造，看看它为什么会运转，那我们就可以在去修钟表的时候带着孩子一起，既让他意识到自己这种破坏行为带来的后果，又能让孩子直观感受到钟表的原理，知道钟表是怎么被修好的，这就是一次非常好的实践课，既满足了孩子的好奇心，又能提高他们的创造能力。这样的破坏就从祸变福了，是非常有意义的。

有些时候孩子破坏的只是一两件小东西，我们对他们的责备在我们眼中也只是一件小事，但这会给孩子留下深深的阴影，让他们一直记着，影响他们今后的行为。一个很好奇很大胆的孩子，可能就会因为父母的一次责备变得小心翼翼起来，就会意识到自己的探索行为将带来极为严重的后果，这难道就是我们所乐见的吗？当然不是，所以在适当的时候包容孩子的破坏，才是最好的教育。

第20种 "我学会了，是这样吗"

——怎么带孩子接触世界？

孩子出生的时候，就像是一张白纸，对外界的一切都那么陌生，他们的世界就是一片空白。逐渐长大，就如同在这片白纸上染上颜色，最终定型成为一个成年人的样子。

当我们成为已经染色的白纸，再回首看看过去，看看自己的孩子，常常会产生这样的疑惑——

我到底是怎样从一无所知到逐渐融入社会、接触这个世界的呢？我的孩子又是怎样认识世界的呢？

孩子接触世界的方式有很多，他们可以看、可以听、可以与他人交流，每一种方式都是在认识世界。而这个过程中，父母也在有意无意地带着孩子去认识世界。比如，我们往往就是孩子的榜样，孩子通过模仿我们的行为，学会与别人打交道，学会处理事情，也建立起自己的世界观。

没错，就是模仿。即便你并没有带孩子接触太复杂的外部环境，孩子一样可以学到很多，就是因为他们在不断模仿着父母，并从我们身上获取来自外界的信息。无形中，我们就达成了带孩子认识世界的目的。而我们自己，就是孩子认识世界的媒介。

对待孩子的这种模仿行为，有的父母持鼓励态度，有的却认为这是完全的照本宣科，是缺乏创造力的表现。在我看来，模仿恰好是孩子展现创造力的基础，因为再好的创造也需要学习，模仿就是一个学习的过程。当孩子在效仿别人，开始抓住外界事物的特点，就意味着他们开始建立创造的能力了。不要认为模仿是低级的，在儿童的世界里，这就是在为创造打基础。

案例一

彬彬家里经常会来很多客人，每当有客人在家，彬彬妈妈都会从冰箱中取出各种水果来招待大家。这在妈妈眼中不算什么特别的行为，但却被彬彬注意到了，于是他发现，原来别人来家中做客，需要用好吃的食物来招待。

这天，彬彬在幼儿园的小伙伴也来家里做客，妈妈正巧在厨房收拾东西，没有第一时间赶来迎接，等彬彬爸爸告诉她孩子到家了，她才赶紧出来欢迎这位小朋友。就在此时，彬彬妈妈发现了一个有趣的现象——彬彬竟然主动自发地从冰箱里拿出了自己爱吃的零食，来招待好朋友。

这让妈妈感到有些意外，平时彬彬可没有这么大方，今天怎么知道主动招待朋友了呢？她问道："彬彬啊，是谁教你拿水果来招待小朋友的呢？"

彬彬得意地说："是我自己想到的！"

这下，妈妈就更惊讶了。

如果彬彬妈妈注意观察，就会发现彬彬在待客上的这种进步正是源于对自己的模仿，因为他从大人的行为当中得到了灵感，所以才创造出自己的待客模式，这就是模仿并灵活运用的过程。

很多孩子的成长都源于对父母的模仿，是父母用自己的言行举止在影响孩子，给孩子上了第一堂课。在模仿的过程中，孩子熟悉了自己的生活环境，才能在这个基础上进行创造、表达自我观念。所以，模仿是必需的，是孩子成长的必经之路。

正因为孩子的模仿是单纯的，不一定会分辨什么是对、什么是错，所以我们才要注意，不要在孩子面前塑造一个负面形象，否则孩子也会将其"照单全收"。

案例二

凯凯的爸妈在生活中经常吵架，所以凯凯小小年纪就见识到了父母之间"冷战"或者"热吵"的样子，早已经习以为常了。

这天，凯凯爸爸因为凯凯做了一件错事，对他进行了严厉批评。凯凯感到很不服气，眼睛里泪花打转，突然大声指着爸爸喊道："混蛋，闭嘴！"

爸爸一下子愣住了，继而暴怒起来："谁教给你说这种话的？还反了天了你，看我不打你！"

凯凯虽然有点害怕，但因为被内心的气愤所驱使，并没有在爸爸面前低头，反而更大声地反驳道："就是你教我的，你就是这么对妈妈说话的。"

这下，爸爸就真的愣住了，一句话都说不出来。

父母是孩子最好的老师，孩子一直在模仿着父母的行为。想培养孩子的创造力，就得先成为有创造力和童心的父母，这样才能让孩子耳濡目染从中学习。同样，如果你像凯凯的父母一样，在孩子面前肆意展现自己生活中负面的状态，一样会让孩子学到不良习气，让他们变得或暴躁易怒、或唯唯诺诺、或墨守成规……

在孩子面前要做一个成功的家长，就请先做一个懂得约束自己的人吧！

这样，孩子才可以在积极的模仿中成长，最终塑造自我意识，并实现创造。

好妈妈手记：鼓励孩子来模仿

在自然界，幼年的小兽会在生活和玩耍中模仿父母的动作，尤其是捕猎动作，然后快速学会生存技巧；在人类社会，想让孩子在情绪、性格、创造力、想象力等方面全面发展，模仿也是必不可少的。

所以如果你想培养孩子的创造力，不用担心他因为模仿而磨灭了自己的创造灵感，相反，还需要鼓励孩子模仿，让他们能够在不断的模仿当中汲取经验，最终学会自己进行创造。

我们可以从下面几种方式入手，帮助孩子以正确的方式模仿，并从中得到成长。

1.正确的模仿可以给孩子带来积极的影响。

孩子就是在不断的模仿当中成长起来的，他们的创造能力和思维也伴随着模仿的内容而不断建立。对孩子来说，世间的一切都是可以模仿的。每一个他们没有接触过的事物都能让孩子产生兴趣，他们的世界里没有那么多大是大非，所以他们在模仿时也不会注意选择对象。

这就导致很多父母都苦恼，孩子特别喜欢选择负面的模仿对象去模仿，会不会学到了他们的不良习气呢？

关于这个问题我可以告诉你确切的答案——如果不对孩子的模仿加以限制或规范，不能由父母进行正确引导，他们的确会从负面的模仿范例当中学到不好的内容。

而更令人感到哭笑不得的是，坏人和坏事，似乎对孩子有天生的吸引力。可能是因为坏人的表演总是非常夸张，那种在电影里猖狂大笑、叼着烟打打杀杀的样子，特别容易吸引孩子的注意力，所以他们很喜欢模仿这样夸张的形象，甚至觉得这很"威风"。对待这一情况，父母就应该加以引导，我们可以不去制止孩子模仿，否则容易打击到他们的模仿积极性，但我们能让孩子正确认识到，自己模仿的对象到底是好人还是坏人，让孩子懂得明辨是非。

孩子喜欢模仿，并不代表就一定认同模仿的对象，如果不想让他们跟着错误的对象受到负面影响，就应该让孩子在模仿的同时明辨是非，尽量指引他们去模仿健康的、积极向上的角色和生活状态。

2.塑造一个让孩子模仿的环境。

模仿，意味着孩子首先要接触信息、接触不同的人物角色或者环境，这就是模仿的基础。很多孩子生活在较为单调的环境下，父母平时也比较忙碌，没有太多时间跟孩子相处，孩子的成长就缺乏一个丰富多彩的有趣环境，这样千篇一律的生活，很打击孩子的模仿欲望，更容易束缚他们的思维。孩子不知道该模仿什么好，模仿的好奇心也调动不起来，而且也不能从环境中激发想象力和创造能力，这样绝对是对他们的成长有害的。

3.让孩子可以在更广阔空间里玩耍。

虽然孩子总是善于给自己寻找乐趣，但有一个充满童趣，让孩子永远觉得缤纷多彩的童年环境还是很有必要的。在一个广阔的空间内玩耍，去接触更多的人，可以让孩子扩大自己的模仿范围，在有限的时间内学习和成长，将更有利于孩子想象力、创造力的塑造。

父母可以有意识地带孩子出去玩，或者认识不同的朋友，或者去开阔的环境玩耍，都能让孩子见识到"未知"的东西，让他们产生好奇，继而愿意模仿和创造。

4.约束自身言行举止，给孩子做好榜样。

孩子的模仿对象多半是父母，为了让孩子能够在模仿当中获取到积极影响，我们就应该当好这个"模特"。比如，如果你想让孩子有创造力、有好奇心，平时不仅要如此教导孩子，也要做一个有好奇心的人，不能将自己的思维圈定在框架之内。如果能做到这一点，孩子自然而然就会学着跳出已有的规则，愿意去创造和创新。

给孩子做好榜样，孩子才能有样学样地走出自己的道路，并且开拓出美好未来。

第**21**种 **"蓝色和黄色，怎么变成绿色"**

——这个问题有点难，需要解释吗？

关于幼儿教育理念，每个人可能都有不同的准则。

在过去，人们往往将幼儿阶段的教育集中在知识学习上。家长担心自己的孩子输在起跑线，所以尽可能地创造机会让孩子"抢跑"，好像能比别人多走一步，就离终点更近一步。然而，**如果说人生是一场赛跑，那也绝对是超过万米长跑的一次漫长旅程，在起跑线抢跑的这一两步，往往不能决定孩子能否赢在终点线。支撑他们跑到终点的，不是知识，而是能力。**

一个孩子，就算有再高的学习效率，又能学会多少知识呢？即便提前学习，这样微小的优势在未来也会越来越弱。相反，培养了良好学习能力、有创造力和好奇心的孩子，反而能在漫长的成长、学习之路上后来居上。

所以我不提倡给孩子过早进行知识普及，不管是科学知识也好，生活常识也罢，我更希望孩子能用天马行空的想象来看待生活，看待未来，这种能力才是更重要的。所以，当孩子开始对一些科学问题产生好奇时，我也跟一些家长一样产生过困惑：该不该用科学、理性的态度给孩子解释这个问题呢？

比如，"水煮沸了为什么会冒出热气"这件事，从科学的角度看，我可以告诉孩子什么叫作"水蒸气"，水蒸气是从何而来的，但孩子未必能真正理解这些知识，而这样理性的答案，也容易束缚他们的想象能力。

但如果不给他们一个科学的答案，是不是就意味着在欺骗孩子？这在以后，也是不利于孩子学习科学知识的。

关于这个问题，下面这位妈妈就采取了一个不错的方式去解决。

案例

"妈妈，我看到电视上说，蓝色和黄色可以创造出绿色，这是什么意思呀？为什么这两个颜色可以创造绿色呢？"莉莉好奇地丢下手中的遥控器，对妈妈说。

妈妈感到有点为难，该怎么给孩子解释这个问题呢？难道要告诉她，在这个世界上有"三原色"，通过不同方式的叠加组合，就能组成一切色彩吗？不，让莉莉明白"三原色"这个概念太难了，恐怕自己还没有讲清楚，她就已经不耐烦听了。

就在这时，妈妈看到了电视机下面放着的水彩笔和画纸，突然灵机一动，对莉莉说："你可以自己去试一试，看看蓝色和黄色是怎么搞创作的，就用你的水彩笔来试验一下吧！"

莉莉正非常好奇，听到妈妈给自己提供了解决办法，二话不说就去实验了。一开始她并不知道要将两个颜色叠加，涂画了好长时间，还仔细观察了半天也没弄明白，直到巧合地将两个颜色叠在一起，才发现了奥秘。

"原来这两个颜色叠在一起，就能产生绿色！"莉莉仿佛打开了新世界的大门，就这样玩了一下午水彩笔，去堆叠各种颜色。

就像这位妈妈一样，对待孩子有关科学知识问题，我们完全可以鼓励孩子去观察或者实验，让他们自己得出结果。这样不仅有利于发挥孩子的动手能力和创造力，还能锻炼他们自己解决问题的能力。最重要的是，孩子会通过直观的感受，去解释并认识科学知识，是自主去学习的，这与家长直接给他们一个答案可一点都不一样。这样得出结果，还能让他们产生主动创造的积极性，是一举多得的。

而且，孩子自己在科学实验中解决问题，能对原理、过程有更深刻、直观的了解，就不容易出现"一头雾水"的情况，而是真正理解了为什么会这样，这才是真的学到了知识。

好妈妈手记：让孩子学会探究科学、大胆实验

当孩子产生对科学知识的疑问时，直接给他们解释冷冰冰的科学原理，也许并不能引起孩子的兴趣，也不能让他们理解，所以不如引导孩子主动去解决自己的疑问，用小实验来探究，自己得出结果。

妈妈可以这样做，能帮助孩子更好地走上"小科学家"的探索之路。

1.给孩子提供一个可以观察、实践的环境。

孩子的科学疑问可以通过自己动手"做实验"解决，如果没有一个可以动手的环境，这样的建议就无法实施了。所以在家中，我们应该给孩子准备一些让他们能动手的小工具。孩子有了动手去探究实践的想法，应该给他们提供必要的设施或者器材。不要觉得孩子是在胡闹就拒绝他们的需求。多满足孩子的好奇心，他们才会有创造力。

2.时刻鼓励孩子，给他们提供帮助。

孩子去探究和实验时，因为没有得到确切的答案，而是要自己寻找、判断答案，这就会让他们产生不自信或者犹豫，此时最需要父母的鼓励和肯定。在他们需要帮助时，我们也得及时伸出援手，尽量避免让孩子的"实验"失败。只有成功过，他们才会得到满足感和自信心，才愿意主动去开展下一次探究活动。

3.不要直接告诉孩子答案，要让他们用实验来直观感受。

再确切的答案，在孩子心里也不如自己探究得到的结果更有趣、更值得信任，所以我们最好不要告诉孩子问题的答案，而要让他们去感受，尤其是要直观感受。

只有亲身实践过，近距离观察过，孩子才能明白并记住。这比单纯的语言描述生动一万倍。

我们也可以搜罗各种各样的科学小实验，跟孩子一起去探寻科学背后的奥秘，用动手的方式去解答孩子的疑问，相信更能发挥他们的理解能力、想象能力，也能让孩子在实验与玩耍的过程中展现创造力。

实验一、吹肥皂泡

1.找一条细铁丝，将其弄成圆圈，可以在圆圈外再套一个大圆，用胶带包裹固定。

2.在盆中倒入足量的水、清洗剂和洗涤剂，配比可以为100：1：5。

3.将我们做好的圆圈放入盆中，慢慢提起来。

你会发现，圆圈中"掉出"了一个个肥皂泡泡，如果你选择了两个圆圈套在一起，那就能出现大泡泡包裹着小泡泡的奇妙场景。

实验二、叠加颜色

1.给孩子准备一张纸、几支不同颜色的水彩笔。

2.教给孩子叠加不同的色彩，并观察产生的新颜色是什么，寻找其中的规律。

孩子天生对鲜艳的色彩非常敏感，而且对丰富的色彩很有好感，通过这个游戏不仅容易吸引孩子的兴趣、提高他们的专注力，也能发挥孩子创造力，让孩子对色彩有更多认识。

其实，生活中的一切材料都可以拿来设计成小游戏，只看你有没有好的想法。越是有趣的、出人意料的游戏方式，越能吸引孩子的注意力，这可是一个锻炼孩子也锻炼妈妈创造力的机会，千万不要错过。

38 WAYS TO CULTIYATE
A CHILD'S
CREATIVITY

第六章

比起标准答案，
天马行空更重要——
保护孩子的创造性思维

第22种 "好孩子，你得自己想想"

——我需要直接告诉他答案吗？

　　当你的孩子开始变身为"十万个为什么"，当他们将提问当作自己的口头禅，请千万别觉得他们吵闹——恰恰相反，他们正开始用好奇心探索这个世界，而作为家长的你就是最好的桥梁。身为父母，面临这样让我们有些苦恼的"小麻烦"，我们应当是感到惊喜、欣慰的。保护孩子内心幼嫩的"好奇种子"，他们才能随之学会主动观察和思考，并在未来展现出改变世界的创造力；而压抑他们的探究热情，只会让孩子过早地变得无趣而沉闷。

　　怎样才算是压抑了孩子的探究热情呢？当我们对孩子提出的问题以漠视态度应对，不愿意给孩子回答，这就是压抑；当我们听到孩子提问，就直接告诉他们答案，这也是一种压抑。

　　没错，如果你总能在第一时间给孩子的问题准备一个标准答案，这会让他们失去提问的乐趣，无法感受到自行探索、获取答案的满足感，反而容易让孩子失去探索欲望。而且，总是事无巨细地立即回答孩子的问题，会让他们错失思考机会，孩子就会越来越依赖父母，而不是学会自己解决问题。养成依赖的习惯，创造力也就随之下降了，既然父母可以为他们解决一切问题，孩子怎么会产生创造的欲望呢？

案例

小蕾妈妈对孩子比较娇惯，平时习惯了替小蕾包办一切，只要孩子有需求，就立刻给她解决；只要孩子有疑问，绝对第一时间解释清楚，保证小蕾一点问题都没有，妈妈才会放心。

对待孩子，再也没人比小蕾妈妈更加耐心了，哪怕孩子的问题总是听起来很幼稚，小蕾妈妈也愿意一遍又一遍、不厌其烦地解释。但不知道为什么，小蕾总是记不住妈妈的答案，下一次遇到同类的情况，还是要问一样的问题。

"上次妈妈不是跟你说过了吗？为什么你没有记住呢？"小蕾妈妈终于忍不住了，这样问道。

"我就是忘记了嘛，只要妈妈记住就行了，我问妈妈就可以。"小蕾撒娇地说。

原来她已经习惯依赖妈妈了，哪怕妈妈给自己解释过的问题，小蕾也并没有认真记在心里——反正下一次妈妈还是会告诉自己答案的，没必要记住！这就是小蕾现在的想法。

这种情况在儿童中很常见，也就是缺乏独立思考的能力。我们经常看到这样的父母，每天24小时左右围绕着孩子，孩子从早到晚几乎所有的时间都是由父母安排的，什么时候该怎么安排自己的生活，不是孩子自己通过思考来判断，而是父母告诉他们答案。这样持续很长一段时间，孩子的思维活动会下降，他们自己思考的时间被压缩了，会变得越来越依赖父母，甚至去上厕所、喝水都要跟父母进行一下"报告"，这就意味着他们逐渐失去独立思考的能力。

有些父母可能不那么极端，但他们在教导自己的孩子时，也会犯类似的错误。比如，当你的孩子问一个问题，一些父母没有时间去帮助孩子自己寻找答案，或者不知道如何引导孩子去探索结果，就直接告诉孩子最终的答案。因此，孩子从提出一个问题中到得到答案，这个过程是非常迅速和短暂的，中间没有思考过程。从长远来看，他们并没有在父母的指导下一起思考，也没有独立思考的能力。

独立思考，对培养孩子的创造力来说是多么重要！

好妈妈手记：让孩子学会独立思考

一个有独立思考能力的孩子，一般来讲特点非常明显，比如，他们往往会在同龄人中表现出这种状态：每一次需要发言，这些孩子总是最积极的，他们眼睛有神，看起来很灵活；孩子乐于展示好奇心，具备主动性和探索能力也比较强，在和朋友的玩耍中也总是占据主导地位，另外，孩子也能表达自己的意见，不会随波逐流……

在大多数父母眼中，这样的孩子可能是"聪明的孩子"。我们怎样才能让我们的孩子聪明呢?

1.不要过多地安排孩子的生活。

让他们有自由的时间，这种方式可以帮助我们的孩子在生活中做出独立的判断。它还有助于提高儿童独立生活的能力，这在进入小学后是必要的。

2.你要学会问你的孩子问题。

为了让孩子有独立思考和学习的能力，我们必须学会调动他们的思考，让孩子变得更加活跃。"为什么"是思考的标志，乐于提问和解决问题是独立思考能力的反映。没事经常问孩子"为什么"，孩子会不断频繁思考，大脑也会更加活跃。

当然，我们要注意，问问题不代表我们是在"考"他们，千万不要用太过严苛的态度来对待你的孩子，可以用轻松的语气去问，这样得到的反馈会更好，孩子也不会认为你是在"考"他们，不会产生排斥和压力。

3.鼓励你的孩子表达他们独特的观点。

有些父母总觉得孩子喜欢"唠叨"很烦人，显得很吵，再加上他们的工作总是忙碌，可能没有时间听孩子说话，所以就不愿意让孩子发表自己的意见，这对孩子的发展是有害的。创造本身，就是思考、组织和表达你的思想的过程，表达观点是最初的重要一个环节，只有有观点的孩子才是懂得创造的。思考的每一个环节都在大脑中，所以我们需要鼓励我们的孩子多说，这样才能知道你的孩子在想什么。教他们如何从问题的不同角度去思考，然后让孩子知道为什么，可以用这种方式锻炼孩子的逻辑思维能力。

4.当孩子在做作业时，不要告诉他们答案。

幼儿时期，不管是幼儿园还是学前班、小学，一般不提倡留太多的作业，但不可避免地会有手工、阅读等小作业，所以孩子仍在学习。只要你学习，你就会遇到一些你不懂的东西。在这种情况下，父母应该做些什么呢？我们不能直接告诉答案给孩子，这会让他们失去了探索的动机，也会让他们缺乏探索的经验。

当然，这也并不意味着只要是孩子有问题，我们都要束手旁观，因为有些时候孩子是真的不知道答案，这时候父母就得进行适当的引导，帮助孩子分析问题，引导孩子正确地思考，让他们做一个解决方案。不要认为这个过程很复杂，这对孩子的良好影响是不可估量的，所以爸爸妈妈就不要怕麻烦啦！

第23种　"看到房子，就一定要想到花园吗"

——我们为什么会有一样的想法？

提到创造力思维，我们就不得不想到一个反面例子，那就是思维定式。在成年人的世界里，思维定式无处不在，我们在无形当中受着它的束缚，下意识地会在思维定式的壁垒下做出选择，而从来不去思考，原来跨过这个定式，还有那么广阔的世界，可以让我们去选择。

一个简单的例子就可以说明这个问题：如果现在给你一支笔和一张纸，让你画一栋房子，你会怎么画？

我敢保证，绝大多数的成年人都会画一栋尖顶小屋，哪怕他们大多数时间都住在楼房当中，在现实中甚至没有过几次见识到这种尖顶屋子的机会。那我们为什么会不约而同地产生一样的想法，做出一样的选择呢？很简单，就是幼年时期不断的训练，让我们养成了思维定式，让我们一想到画房子就必然是尖顶小屋，看到房子就一定想到花园。

事实上房子也可以是高楼大厦，房子也可以建在悬崖峭壁上，一切可能或不可能的想象都可以被我们画在纸上，但我们却被思维定式束缚住了。**如果说成年人的思维定式已经很难打破，那对于孩子而言，在他们还没有建立起这样壁垒时，呵护他们富有创意的心灵，避免在孩子的世界里建造起束缚他们想象的思维定式，就显得格外重要了。**

案例一

不久前我去朋友家做客，朋友四五岁的女儿也在。看到孩子坐在一旁跃跃欲试的样子，朋友就笑着说："她这是想给你讲故事呢！这孩子最近在幼儿园学会讲故事了。"

对待孩子这样的主动性，我当然是乐见其成的，就鼓励道："那你就给我们讲一讲你的故事吧！"

于是小姑娘清了清嗓子，就开始条理分明地讲起了她的小故事。

"在很久很久以前，森林里有一栋小房子……"不得不说这孩子的表达能力实在是很强，年纪不大，却能条理清晰地将一个故事完整地传达出来，而且内容有理有据，简直就像是从书本上背下来的。讲完这个故事之后，在座的所有人都对小姑娘进行了表扬，夸赞她表现得特别好。

我虽然也觉得小姑娘表现得不错，但从另一个方面却感到很遗憾，因为我发现她小小年纪就已经养成了思维定式——讲故事必说"很久很久以前"，故事内容就像是诸多经典童话的杂糅，结局一定是所有人幸福地生活在了一起。

虽然她的故事讲得很好，但却未必是富有新意的。这孩子具备了讲故事的能力，却失去了一部分创造力，将自己的思维局限在了某个方面。

思维定式就是这样，在你还没意识到的时候就让你产生"这样选择是理所当然"的错觉。我们的人生当中有多少选择是因为思维定式而做下的？我们这样选、这样做，不是因为自己觉得这样是对的，而是因为规则是这样、经验是这样，所有人都这样做。

案例二

我年幼的时候，曾经有一个暑假，老师布置了一项作业——观察一下自己每天能喝多少水。

这个观察作业，大多数孩子都没有完成，我也一样，大家甚至都忘记了它。开学那天，当老师询问时，所有人都很意外。

第一个孩子被叫起来了，他犹豫了半天，说："八升水。"

于是，后面的孩子就像找到了参考一样，每个人都回答了差不多的量。老师一直都没有说什么，直到孩子们都答完了，才忍不住笑了起来。

　　"孩子们，你们知道八升水是多少吗？是饮水机里面的半桶水，可能你们喝一周都没有那么多。"老师笑着说。

　　所有人都愣住了，因为第一个人是这样回答的，所以大家也没多想，没想到答案却偏离了这么多。

　　这就是一种思维定式——谁说前面的人的答案就是正确的呢？显然没有人说过，但我们就习惯于遵循别人的规则去做事，循着别人的路前进，这就是被思维定式所影响了。

　　创造，有些时候就是打破常规，就是挑战规则，所以思维定式在创造力面前是必然要消灭的敌人。**培养孩子的创造力，就一定不能让他们建立思维定式**，不管是在生活中还是在学习上，抑或是在认识世界的任何一个过程中。每建立一个思维定式，都是在打击孩子的创造力，限制他们的想象能力。

好妈妈手记：引领孩子跨过思维定式

　　想要引导孩子跨过思维定式，父母首先自己要有打破思维定式的认识，这种意识非常重要。有了这个意识就有了主动性，我们就会在生活中的每个细节方面注意引导孩子的思维。

具体的，父母可以从下面几个方面入手，帮助孩子越过思维定式去思考。

1.父母的观念要创新。

要培养孩子的创造力，就必定要有一个创新思维。我们的行动是由思维来指导的，什么样的思维决定我们做出什么选择，决定我们成为一个怎样的人。有创新思维的孩子不会被旧有的规则和观念所束缚，他们敢于去尝试，特别乐于去做别人没有做的选择，也不会担心走一条他人没有选择的路是否会受到外界的不理解。这就是一种创新的观念，一种创新的自信和意识。

想让孩子打破思维定式，父母的观念也应该要有创新，只有用创新的观念去看待孩子，拥抱孩子每一个不同于常人的地方，我们才能培养出有创造力的儿童。有些父母自己的观念过于守旧，就会下意识用旧规则和从众的心理来约束自己的孩子，更不要谈什么帮助孩子跨过思维定式了。

2.别用成年人的条条框框去束缚孩子。

我们为什么会有这么多的思维定式？很多时候就是因为习惯了生活在成年人的条条框框当中，习惯了被各种经验所束缚，所以我们不容易去质疑"习以为常"的状态，自动忽略了还有其他的可能和不合理的地方。

孩子的世界却是完全自由的，他们还没有受到这些条框的约束。所以，**除了必须让孩子知道的规则之外，我们要尽可能少地去给孩子传达"你可以怎样""你不可以怎样""你**

应该怎么怎么做"这样的内容。只要不是破坏了规则，做了错事，在孩子的世界里就没有应该与不应该之说。

只有不受到那么多的约束，孩子的想象力与创造力才能在最广阔的环境当中得到施展。越是有创造力的孩子，身上的枷锁就越少，受到来自父母的束缚或者说指导就越少，他们擅长自己去摸索，自己去建立一条创新和发展的道路，而这是父母代替不了的。

我有一个简单的故事想与大家分享：

航海家哥伦布在年幼的时候曾经面临过别人提出的一个问题——怎样才能让一只鸡蛋在桌子上竖起来？他试图旋转这个鸡蛋，很遗憾，这种方式并没有成功。

周围所有人都告诉他，这个问题本来就是无解的，因为鸡蛋是绝对不可能竖起来的。然而，哥伦布却不死心，他想了想，突然有了一个绝妙的主意。原来只要将鸡蛋壳的一端磕破，鸡蛋就可以在桌子上稳稳地竖着了。

这个故事说明了什么？我们太多的人都习惯于在思维定式当中思考，明明没有人对你进行那么多约束，就像没人说鸡蛋一定要是完整的一样，但我们还是自己加上了这个前提。这就是一种惯性思维导致的，所以要让孩子从这种惯性思维中解脱出来。

3.让孩子产生主动探究的意识，可以帮助他们跨越思维定式。

打破思维定式，不仅要从外界发力，也要让孩子从内部使劲，不能只是父母去引导孩子，也要孩子产生跨越思维定式的意识。

　　假如思维定式就是一个栅栏，将孩子圈在一个狭小的范围内，那打破它、跨越它最好的办法，就是让孩子对栅栏外的世界产生好奇心。探究的主动性和好奇意识是让孩子积极主动去跨越思维定式的第一动力，越好奇的孩子越不容易受到思维定式的束缚。当他们遇到一个问题时，会尽可能地想出各种解决办法，去做很多父母想不到的尝试，这都是因为他们有迫切的想要解决问题的渴望。

　　所以，培养孩子的创新意识和主动性很重要，在这个过程中，我们也要尽量给孩子自由，让他们能够淋漓尽致地发挥自己的主动性，而不是受到来自父母的约束。

"除了这样，还可以那样"

——这孩子想得有点多？

任何事情都只有一种解决办法吗？

当然不是，就连我们小时候做的课堂习题，也能找出不止一种参考答案，解决问题的路径，更不可能局限于一两种。俗话说条条大路通罗马，只要你敢想，即便走一条和别人不同的路，也一样能到达终点。

我们要培养的就是孩子的这种创新思维，培养他们这种敢于打破常规的意识。一个有创造力的孩子就必须具备这两点，否则他很难创造出令人眼前一亮的东西。现在这个社会也是需要创新型人才的，与其说是科技在推动社会的发展，不如说是创新，在其中发挥着巨大的作用。能产生新点子，比任何其他的才能都显得更有价值。

要培养一个敢于创新的孩子，我们应该怎么做呢？从其中一个角度上去思考，我认为父母应该学会让孩子发散思维去想象，这种发散思维的能力将直接决定孩子的想象力能达到什么程度，也决定孩子在面临问题的时候思维的活跃度。

什么叫发散思维？就是说孩子的思维不只局限于眼前的这个问题和正在思考的内容，他们可以经过一定的联想去联系到其他事物身上，从中寻找一些共同点。而这些共同点可能就是影响孩子做出判断的关键点，或者可以帮助孩子找到当前问题的答案。

所以孩子的发散思维应该得到培养，不要怕他的想象天马行空，越是精彩的发散，就越应该得到鼓励。

案例一

一天，乐乐妈妈带着孩子去公园玩，走到鸟山的时候，正好赶上一只大鸟从山上腾飞起来，惊起了无数正在休息的小鸟，场面特别壮观。

孩子第一次近距离看到这么多五彩斑斓、种类丰富的鸟类，一下子傻眼了。仔细看了半天之后，乐乐突然对妈妈说："妈妈，鸟是不是因为能拍打翅膀，所以才可以在天上飞翔呀？"

妈妈感到很意外，自己从来没有给孩子讲过这些问题，他却能够在观察当中找到关键点，于是就点了点头说："你说得应该是对的，如果你好奇的话，可以自己研究一下。"

乐乐没有回应妈妈，却好像陷入了思考当中，然后突然抬头问道："那我要是穿上你那件袖子宽大的蝙蝠衫的话是不是也能飞起来？"

这就让妈妈哭笑不得了，刚刚还在讨论小鸟，这一会儿孩子的想法就跳跃到了自己身上，还天真地以为穿上宽袖的衣服就能像鸟一样飞，这可真是童言童语。

跳跃性的思维就是孩子思维发散的一种表现，他们可能刚刚还在专注于一个问题，但很快关注点就产生了变化，有时甚至会转而关注另一件风马牛不相及的事，其实这就是他们在自己的脑海当中完成了一次思维发散，并在这个过程当中找到了新的吸引注意力的地方。所以孩子的思维跳跃程度往往令父母觉得跟不上，明明前一秒还在说着这件事，下一秒突然提出一个让人哭笑不得的问题，或者是将注意力转到别的方向。不过不必担心，这并不是孩子注意力难以集中的表现，也不是他们毫无逻辑的童言童语，而是孩子在发散思维当中产生的一次跳跃。

对孩子的这种发散思维、跳跃思维，父母应该予以鼓励和呵护，保护孩子这种想象的能力。有些父母因为没有明白孩子的想法，跟不上孩子活跃的思维，就对孩子的表现予以否定，这其实是一种无知的表现。不是孩子做错了，而是你太缺乏创造的意识，没有学会欣赏孩子身上的闪光点。

这对孩子的创造力塑造显然是不利的。

淘淘是个思维特别活跃的孩子，有的时候显得就有那么一点注意力不集中。他可能很难长期将自己的注意力放在一件事上，而是讲着讲着就联想到了别的方面，或者突然跳跃到了另一个话题上。有趣的是，其他孩子对淘淘的这种情况接受得都很好，大家都能跟上淘淘的思路，反而是淘淘的父母有时觉得莫名其妙，担心孩子以后出现注意力不集中的问题。

所以淘淘的父母对孩子的这种跳跃思维非常排斥。比如这天，淘淘在跟妈妈讲班里发生的故事，前面还在讲小美怎样了，突然画风一转，就讲起了老师今天夸奖自己的事情。妈妈就有些理解不了，又追问道："你不是还在说小美吗，怎么现在就转到自己身上了！先把前面那件事说完再说。"

淘淘就拒绝道："先让我把现在的话说完。"

但妈妈却觉得陶陶这样的表现没头没尾，皱着眉说："前面那个事儿还没说清楚呢，就想着说其他的事，你这孩子就是整天糊里糊涂的。"

听到妈妈这样的评价，淘淘立刻失去了给她讲故事的兴趣，"哼"了一声就走了。

其实，孩子之所以思维跳跃到甚至让人觉得缺乏专注力，是因为他的思考过程并没有展示给你，所以他是如何从一件事跳到另一件事上的，你并不知道。有些父母因为不知道不了解，所以就否定孩子的这种思维模式，其实这对培养孩子创造力而言是没有一点好处的。因为你在阻拦孩子发散性思维的建立，这对以后帮助他们提高联想能力，产生创造力都有影响。

好妈妈手记：引导孩子天马行空地发散思维

我们可以引导和鼓励孩子产生跳跃性思维，让孩子在一个无拘无束的环境下天马行空地发散自己的思维。越是这样培养出来的孩子，越不容易在思想上受到约束，越能够创造出令你眼前一亮的成果。

要按照这样的原则去培养孩子，我们可以遵循下面的方法。

1.用音乐和美术去开发孩子的思维。

发散思维本身也是一种联想，而音乐和美术这样的抽象教育最容易培养孩子的联想能力，可以让孩子从艺术本身出发，发散到任何一个他们感兴趣的地方。我们可以经常给孩子播放一些他们喜欢的音乐，让孩子听着音乐随意想象，然后将自己想到的场景描述给我们和我们进行交流。你可以通过孩子的想象了解到，你的孩子在理解和联想等方面有怎样的能力。我们也可以跟孩子一起创造无主题的画，让孩子想到什么画什么，这也可以锻炼他们的发散思维。

2.别问孩子有什么思路，发散思维就是没有思路。

发散思维本身可能会让我们觉得无序而凌乱，就是因为它缺乏一个清晰的思路。没错，做事也好，讲一个故事也罢，自我思考也可以，有一个清晰的思路，可以帮助我们建立秩序感，培养逻辑性，把原本混乱的内容梳理清楚。但同样思路就是一条框架，孩子有了思路时就被限制了，他很难看到这之外的事，也就难以发挥自己的联想能力去发散自己的思维。

3.多带孩子接触新鲜事物。

你的孩子之所以缺乏发散思维，可能是因为脑海中可以发散的素材比较少，生活环境实在是太单调了，所以他们即便动用全部的力气去联想，想让自己的思维跳跃起来，还是很难去到达一个较远的地方，因为孩子的思维空间就不够广阔。所以我们要带孩子去接触新鲜事物，不要怕让孩子走出去，别把他拘束在家。

4.不要评判孩子的跳跃思维。

有的孩子可以有很好的发散思维，也有的孩子在这方面能力不足；有的孩子总能将两个看似毫无关联的事情巧妙地联系在一起，还有的孩子就特别缺乏这方面的想象……不管你的孩子是什么情况，首先要记住不要用成年人的角度从自己的观念出发去评判他。

你不要告诉孩子怎样，怎样想是好的、是对的，怎样想是有坏处的，这本身就是给孩子设立一个框架，是在约束他们的想法。没有一种想法具有对错性，不管你的孩子在发散思维的建立上有怎样的特性，都是他独有的。而且他也会在不断的成长当中提高自己的能力，所以不必过于担忧，更不必在这方面给孩子进行评判，否则会给他带来压力。

第**25**种 "看看这片雪，你觉得像什么"
———怎么让他学会联想？

联想，就是让孩子根据一个事物的特性去想象，寻找到另一个有相同点或相似点的事物。联想和想象不是完全等同的，想象是毫无关联的，你可以随时从一个地方跳跃到另一个地方，二者不必有任何联系。但是联想则不同，我们必须要找到事物之间的共通之处，才叫联想。

联想是锻炼想象力的一种方式，我们能够在抓住事物一点特征的前提下，就去想到许多种可能，这就是一种具备想象力的表现。经常锻炼孩子的联想能力，可以帮助他们培养发散性的思维，让孩子可以有良好的创造力和创新性，这对孩子的发展是很好的。

那么，我们如何才能让孩子学会联想呢？我想，主动问一问孩子"你觉得它像什么"，对孩子的思维进行一些引导是很有必要的。

金老师是幼儿园教师。她带过很多孩子，见到过很会联想的孩子，也见过想象力匮乏的孩子。

小美就是个比较会联想的孩子，中午吃饭的时候，看到煎鸡蛋，她会说："这个看起来就像要下山的太阳一样，是很黄很黄的颜色。"

看到积木，她会说："它们就像砖块一样，所以我可以用它盖一个小房子。"

在小美的世界里，任何东西都有其相似的对象，而用这种"它像什么"的方式去描述，好像一切都变得更有意思了，这让小美做什么事都特别兴致勃勃，非常乐观、好奇。

金老师就跟小美的妈妈进行了探讨，发现妈妈在家中经常引导小美在这方面发展，见到新的东西最爱问孩子"你觉得它像什么"，所以孩子的联想萌芽就这么被种下了。

而那些想象力匮乏，只会跟着别人的答案走的孩子，就是因为生活环境非常单调，父母在这方面也缺乏引导，所以孩子压根没有养成联想的习惯。这让金老师很感慨，其实每个孩子的起跑线都是一样的，但不同的教育方式和引导，会让孩子有不一样的表现。

所以，如果你觉得自己的孩子联想能力匮乏，千万别归咎于孩子"缺乏想象力"，而是要从自己的身上找原因。必然是因为我们在联想这方面给孩子的教育太少了，没有教会孩子怎样去联想，孩子就没有这种意识，自然想象力得不到锻炼了。

案例二

在幼儿园里，老师给孩子布置了一个小作业，让孩子回去想一想，"雪"为什么还会被称为"雪花"。

小璐回家之后就问爸爸："你知道雪花为什么叫雪花吗？"

爸爸一头雾水，完全没有明白小璐的意思，直接回答道："雪花？别人这么叫，我们也这么叫了，有什么意义吗？你为什么这么问我？"

小璐赶紧解释道："是老师让我们想一想，为什么要把'雪'叫作'雪花'。"

"这老师，净出一些题为难孩子，雪就是雪，哪来那么多道理。"爸爸最后总结为，是老师的问题出得不对。

小璐虽然觉得这样说有点不好，但还是跟着爸爸点了点头，可是这个问题的答案，她还是没有得到，甚至产生了和爸爸一样的想法——可能就是因为别人这么叫，我们才会这么说吧！

很多父母是不是都面临过这样的场景？有些时候，孩子的问题可能让你觉得莫名其妙，但千万别急着否定它，而要多去想一想，引导孩子也去想一想，用一个合适的方式给孩子解决问题、得到答案，这才是爸爸妈妈应该做的。很多父母就像文中的爸爸一样，在孩子的问题面前缺乏一定耐心，不愿意思考，更没有培养孩子发挥联想能力的意识，这就错误地引导了孩子，容易打消他们的好奇心和想象力，而且也错过了锻炼孩子联想力的机会。

好妈妈手记：联想是创造的开始

不要将联想看得那么简单，它可以锻炼想象力，是孩子去创造的开始。没有联想能力的孩子思维是匮乏的，他们的精神世界处在营养不良的状态，不能脱离事物本身去思考，这样孩子的世界就很"小"，也就失去了创造的能力。而孩子天生就具备"想象家"的潜质，只要你好好引导，让孩子掌握联想能力并不是一件难事。

我们可以从下面这些角度为孩子提供帮助，让他们锻炼自己的联想能力。

1.让孩子多从外面的世界汲取营养、获取知识。

联想能力是由两方面组成的，首先是孩子想象的能力，其次则是想象的"素材"。如果没有想象的能力，就算有再好的素材他们也发挥不出来；如果没有足够的见识作为基础，就算有能力联想，孩子也不知道该联想什么。

所以，丰富的见识才是孩子联想能力发展的土壤，多带孩子出门去见见外面的世界，他们的生活丰富多彩起来了，见识得多了，孩子就能学会想象了。

2.鼓励孩子的"童言童语"。

有些时候，我们的孩子总会冒出一些"惊人之语"，大多数家长对此都不甚重视，往往是一笑而过，认为是孩子"童言无忌"。其实，越是孩子"没头没脑"的话，家长就越应该好奇，应该问问孩子是怎么想的，为什么他们会这样说，了解孩子的"脑回路"。如果你追根究底一下，就会发现孩子的话并不是随便说的，背后往往带着他们自己的想象与思考，这就是值得鼓励的。

多鼓励孩子表达自己，哪怕他们的想法不切实际，这样孩子才有天马行空的联想能力。

3.给孩子提问，引导他们联想。

我们为什么会联想而不是单纯的想象？就是因为两个物品之间存在一定的共同点，所以才能做到将其联系起来。孩子的联想也是这样，首先要抓住两个物品的共同点，才会达成联想。

所以，想让孩子学会联想，我们得先让孩子找到联想的规律。可以给孩子提问，经常问问他们"像什么"，孩子自然就会往这个方向思考，从而学会联想。

4.没事问问"为什么"，帮助孩子梳理想法。

每个孩子的童言童语都来自自己的思考，但你可能并不明白孩子的脑回路，或者孩子的思维碎片化比较重，想法不够明确、没有联系，所以我们要多问孩子"为什么这么说""为什么这么想"，帮助孩子梳理自己的想法。

这样孩子的脑内世界可以构建得更加完整，更重要的是，孩子会慢慢学会逻辑性地思考，这就是联想的能力基础。

5.让孩子学会追根究底。

联想能力有些时候就来自脑海中追根究底的冲动，问"为什么"就是在寻求事物的因，而学会问"怎么样"则是在寻求事物的果，都是根据现象去联想的过程。经常问孩子"如果……怎么样"，孩子的联想能力会更好。

"假如鸟儿会唱歌，你觉得会唱什么？"

"如果人也有翅膀，能够飞起来吗？"

这样的问题，都能让孩子联系实际产生自己的想法，多么有趣呢！

6.对已经发生的事，多去思考另一种结果。

思考一个没有发生的可能，也是一种联想，这是根据已经发生的结果进行的联想。"如果没有这样做，会怎么样？""如果选了另一条路，会看到什么？"这些问题都能让孩子认识到一个不一样的世界。

更重要的是，这能让他们学会根据情况不同做出不同的判断，思考会更加全面，帮助孩子建立创造性的思维。

第**26**种 "你说是，我偏不"
——什么是孩子的逆向思维？

　　一个人思考问题的方式不同，可能会决定他的行为，也会影响他是否能做出正确选择，能否成为一个优秀的、有能力的人。所以，我们一定要重视孩子思维方式的建立，让孩子不要被禁锢在固有的模式中，而是能从各种方面思考。

　　这就是我们所说的"逆向思维"能力，孩子能打破常规，从另一个角度去解读自己面临的问题，并从中寻找到答案。"逆向思维"就是一种非常规的思维方式，不等于喜欢质疑，也不是跟权威"对着干"，大家可千万不要弄错了。

　　下面这个案例，也许可以帮助你理解逆向思维到底是什么。

小菲第一次听白雪公主的故事时非常认真，一开始她很喜欢白雪公主，只要白雪公主遇到了麻烦，小菲就会瞪大眼睛，紧张地追问："然后呢？然后呢？白雪公主有没有危险？"

这也是绝大多数孩子都会产生的反应，毕竟每个孩子都喜欢童话里善良的公主，不是吗？当小菲知道了白雪公主最终和王子幸福生活在一起，而坏王后则得到了自己应有的惩罚时，就长舒了一口气，特别激动地说："就应该这样呀！"

可是第二天，当孩子再一次听到白雪公主的故事，发现王后总是一次次作恶、一次次不成功时，就皱眉思考了一会儿，然后说："我发现，王后也挺可怜的，每次做坏事都被破坏了，没有达成目的，最后还又老又丑，真倒霉啊！"

妈妈听到了，觉得很有意思——还是第一次听到孩子去同情一个反面角色呢！可是这样，是不是会影响孩子的价值观，让她觉得坏人也可以被认同呢？

不必担心，这种情况其实就是孩子从另一个角度去思考，是具备逆向思维的表现。大多数孩子听故事，都习惯从主角的角度去思考，但是小菲学会了关注一个反面角色，并从她的角度去看待世界，因此产生了不一样的判断，这就是逆向思维的表现。

有些孩子的逆向思维就比较差，这种情况可能是因为父母对孩子保护过度，或者带孩子接触的新鲜事物太少，所以孩子平时思考、接受信息的机会比较少，思维上太过简单化。还有可能是我们给孩子过早地灌输了一些固有的思想，让孩子的思维被禁锢住了，约束了他们的想象力和思考能力，让孩子变得不灵活起来。

案例二

幼儿园过儿童节，给孩子搭建了一个巨大的迷宫，让孩子们寻找出口。孩子在里面兴致勃勃地玩耍，家长却在外面看得很清楚——

这个迷宫非常有意思，出口就在入口附近，孩子在进门后会一起走一条路，而这条路面临第一个岔路口时，背对着孩子的道路就是离出口最近的。

但是大多数孩子都没有走这条反向的路，当他们沿着一条路走入迷宫时，就下意识地继续从这个方向前进，去探索出口，反而给自己带来了很多麻烦。只有一部分孩子愿意转身选择背后的岔路，所以很快就从里面走了出来。

还有的孩子简直是"一根筋"，只要沿着一个方向走，就绝对不回头，永远在这个方向寻找路线，所以就离出口越来越远，怎么也走不出来。

在这种情况下，我们就得学会培养孩子的逆向思维，让孩子能从多个角度去解读一件事，尤其是从事物的相反面去看，相信他们不仅能得到一些新鲜的发现，还能给自己打开一扇"新世界"的大门，找到另一种解读方式。

喜欢用条条框框来约束孩子的家长，会发现孩子的逆向思维发展较慢，就是因为这些"规则"让孩子的思维越来越成人化、越来越一般化，所以没有了创新和发展，以后就很难在自己的领域创造出别人想象不到的成果。所以，帮助孩子跳出思维框架、培养逆向思维是很重要的。

好妈妈手记：培养逆向思维的小游戏

我们所说的"逆向思维"，其实就是当我们在思考问题时，不仅从一个角度入手，还能从其他方向，尤其是相反的角度去思考。这就让一个问题的答案变得多样化了，思维通道变得四通八达，我们得到的启发也就更多。所以，逆向思维其实很简单，就是从另一个角度去思考问题。

"司马光砸缸"就是典型的逆向思维实例，一般人看到孩子掉进水缸中，想的都是如何将孩子捞上来，只有他想到砸坏了水缸一样可以救出对方，这就是从事情的另一个角度去思考。

当孩子在幼儿期间，我们应该注意他们的思维训练，尤其是逆向思维的内容。这种培训围绕着一个主题——如何让他们在许多方面思考和判断一个问题。家长可以带着孩子，尝试下面这些逆向思维游戏。

1.猜猜妈妈在哪里。

妈妈可以围绕着孩子转圈，选择一个位置站定，让孩子猜测自己在哪里。在过程中，我们要让孩子用不同方式描述妈妈的位置，比如"妈妈在我背后"，或者"我站在妈妈前面"，这就经历了一个相对顺序的逻辑变化，就是一种逆向思维。

无论是空间还是时间，让孩子从不同的角度来描述，就产生了相对顺序的变化。反复让孩子从不同的角度来描述这些场景，他们可以认识到，描述和判断可以从多个角度来看，不一定非要局限于一个角度。

2.我来说你来猜。

给孩子展示几个物品，描述其中某些物品的特点，让孩子来猜测到底说的是什么。在这个过程中，我们要多关注物品不同方面的特点，既要照顾到物品的色彩、形状，也要涉及用途、材质等，并且让孩子也学着描述，让妈妈来猜。

这个过程就是让孩子和我们一起来观察事物的形状和特征，然后分析这些事物的特征。这一特性从不同的角度来描述，可以让孩子学会根据不同的特点分类，他们就足以理解事物的多方面性。

3.迷宫游戏。

迷宫本身就是锻炼逆向思维的游戏，即便我们最终要从某个方向走出去，却并不意味着这一路都在向这方向前进，有时候转头向其他方向探索未必代表走了错误路线。所以，孩子在玩迷宫游戏的过程中，就可以学会从许多角度去思考，寻求一个最佳解决办法，而不是一根筋地向着某个方向猛冲。

关于孩子逆向思维的培养，其实有很多方法，只要我们在生活中多注意，鼓励孩子思考并提出不同看法，就一定可以培养他们的逆向思维。

38 WAYS TO CULTIYATE A CHILD'S CREATIVITY

第七章

激励孩子的创造力，
从尊重他们的爱好开始

第27种 "喜欢讲故事，那就再讲一个吧"

—该不该"放羊"式管理？

关于教育孩子的理念，家长很难得到一个人人都认同的结果。尤其是现在提倡个性化教育，孩子要有个性，家长的教育模式也很有个性，有的主张"紧抓实干"，在教育上舍得投入，从孩子幼年时期就开始系统引导；有的就主张孩子自由发展，采取"放羊"式的管理。

哪一种更好？这真的很难说，毕竟不管是"虎妈"还是"羊妈"，我们都看到很多成功的例子。不过单从培养孩子创造力这方面讲，我个人还是倾向于让孩子有一定空间自己去成长。

创造力就是让孩子自己创造，可不是父母给孩子创造，所以发挥孩子的潜力很重要。这个过程有一些"放羊"式教育的特点，不过父母也要记得扮演好"牧羊人"的角色，让孩子发挥潜力不等于完全地自由放养。

父母的引导加上孩子的自由发展，才是最好的组合。我们要定位好自己的角色，在正面管教的模式下，父母是孩子的朋友、前辈，是一个跟孩子平等对话和交流的角色。这样的身份会让孩子更好地培养责任感和独立意识，成为一个"有主意"的孩子。而有主意，就是创造力发挥的前提之一。

让孩子自由探索世界、独立认识自己，他们才能有创造和独立判断的能力。

案例一

即将上小学的晓飞现在面临着一个大问题——爸爸妈妈总爱给她报课外班，已经将她全部的时间都占用了。原来，晓飞的父母在跟同龄人的家长交流过之后，发现别人家的孩子多少都会一门特长，要么唱歌唱得好，要么跳舞非常棒，还有的则擅长乐器、会画画、能下棋……总之，都是多才多艺的。这样一来，就显得晓飞没有特长，落在人后了。

回家后，妈妈考虑："虽然我们不强迫孩子有什么特长，也不要求她一定要最好，但是孩子自己没有什么特长，跟别人一比肯定要失落，到时候还是晓飞自己难受。"

为了不让孩子被这样的环境打击到，父母临时给她报了几个课外班，就是为了让晓飞有一门"拿得出手"的特长。晓飞简直是苦不堪言，最后跟爸爸妈妈哭诉道："我一点都不喜欢特长班！"

最后，连老师也跟爸爸妈妈反映，孩子自身对特长学习很抗拒，也看不出喜欢，希望家长能在别的方面发掘一下孩子的天赋，不要再强迫她学习了。可是这样，孩子真的不会在上学后后悔、自卑吗？父母对此也是没了办法。

很多父母之所以给孩子报特长班、课外班，还真不是出自自己"希望孩子特别优秀""孩子要各方面都强"的私心，而是也从孩子的角度考虑了。我们常常听到一些人感慨，"小时候不愿意学特长，长大以后看到人家都有一门技艺、一个爱好，真是后悔自己爸妈没管教得严厉一些"，这样的悔恨曾经出现过，就让我们不愿意孩子重蹈覆辙。

然而教育并不只是"为了你好"，而是要让孩子也感受到你的好，让孩子配合你的教育，这才是最好的教育。如果孩子真的不喜欢父母做出的选择，就算我们的出发点是好的，也尽量不要去违背孩子的意愿去强迫他们。

这样，就算日后他们变得优秀了，内心也是有缺失的，也是有遗憾的。多少父母在教育孩子学习特长的时候，会拿郎朗做例子，可大家却没有想过，千万个"虎爸虎妈"的家庭里，也只出现了一个郎朗呀！那些被遗忘的孩子，又该多么痛苦呢？而现在在钢琴上表现顶尖的郎朗，在其他方面就没有遗憾了吗？

至少我认为，一个给孩子培养创造力的氛围，必须是相对自由的。没有自由的环境，即便我们强制孩子学习，那也只是让他们学到了技术，而非思维，只能让孩子学会模仿，而不能创新。

在孩子没有兴趣的领域，千万不要过多强求，当你让孩子在不喜欢的地方投入了太多精力时，就意味着他们少了时间去探索、展示自己真正喜欢的东西，就可能与孩子的天赋擦肩而过。**我们对孩子的教养，应该是有秩序的"放羊"式管理，既要让孩子自由奔跑、自由成长，也要在旁边观察、约束和引导，去探寻他们真正天赋所在的地方，而不要只按照自己的想法去做。**

如果你的想法跟孩子的选择南辕北辙，过于强硬的态度只会让孩子更加厌恶学习新事物，最终落得个两败俱伤罢了。

案例二

孩子的乐趣永远是父母最先发现的，因为我们一直在观察着自己的孩子，也一直在潜移默化地培养着自己的孩子。小乐就是个被父母发掘出天赋和爱好的孩子。

小乐从小就显得特别有好奇心，还在幼儿时期，妈妈就发现他格外"调皮"，总是喜欢在屋子里摸索，看到什么就往自己嘴巴里放。在这种情况下，妈妈并没有一味阻止，或者吓唬小乐，以制止他这种"不卫生"的行为，反而鼓励小乐去摸索，去用嘴巴或者手感受身边的一切。

稍微长大一点后，小乐就开始拆家里的各种机械产品，有时候是钟表，有时候是台灯，有一次还在爸爸的带领下把电脑的主机拆开了看了一遍。父母不仅没有阻止他，还发现孩子的好奇多半展现在这些机械产品上，就专门询问了小乐的意见，然后给他报名参加了模型课、数字电子少儿班等，让孩子小小年纪就接触了更深的内容。

后来小乐在青少年机器人大赛上获得了金奖，还被保送到知名大学，这些特长都源自他的乐趣，他喜欢做，并且做出了成果。

成年人做事讲究要有"动机"，动机其实就是动力，有动力的推进我们才能做出一番事业和作为，孩子也是这样。想让孩子有一门特长，空给他们画一个大饼是没有用处的，孩子必须自己看到这门特长的有趣之处，真正喜欢，才会有动力去学。

乐趣就是最好的动力，它能让人坚持度过任何枯燥的过程，而且从中获得享受。所以，我们要做的不是强按着孩子的脑袋去汲取知识，而是让他们知道获取知识的乐趣，他们自己就会去做，并且很开心。发现孩子的乐趣所在，给孩子创造机会去接触世界，给孩子一个无限的空间去探索自己，让他们自己找到自己的乐趣，并找到发展的路，然后我们再施以援手，拉着孩子走上正途，这才是正面的、有积极意义的教育方法。

相信我，这样你会获得事半功倍的教育效果。

一个有创造力的孩子，生活必然不是枯燥乏味的，他一定拥有自己的乐趣，知道怎么样让生活更加丰富多彩，也只有在这样的环境下，才能够激发孩子的创造力。所以，让孩子拥有自己的兴趣，在生活中给他们足够的时间去发展兴趣，是培养创造力非常重要的一个方面。

如果你的孩子小小年纪就已经对一切都失去了乐趣，就只知道学习科学知识，这样的生活不仅孩子觉得乏味，身为父母看到了，难道不同样会感到心疼吗？扪心自问，在我们幼年的时候，谁不想着去做自己喜欢做的事情？谁愿将全部的时间放在做"正确的事"上呢？孩子也是一样，有乐趣，他们的思维才会更加活跃，生活才会从黑白变成彩色，孩子的大脑才能真正被调动起来。

而这样的兴趣必然是发自孩子内心的，不能是父母为他们设定的。我们整天为孩子安排钢琴课、舞蹈课、音乐课，这些到底是孩子自己喜欢，还是父母借此满足自己的私心，或者完成一个自己没能达到的遗憾呢？

记住，你的孩子，不是你，父母不能成为孩子的代言人，更不是他们的神。虽然我们创造了这个生命，但他从出生开始，就是一个值得被尊重的新的个体了。

身为父母，我们能做的只不过是把他们引上正确的道路而已。引导孩子的兴趣当然是可以的，这也是父母应该做的，但千万不要模糊了父母权力的界限，不要过于掌控孩子的人生。

引导孩子的兴趣，我们可以从下面几个方面入手。

1.让孩子充满好奇心和求知欲。

前面我们已经说过，面对孩子的疑问时，父母应该用喜悦耐心的态度去解答，因为有疑问代表你的孩子有好奇心，代表他们在活动自己的大脑，代表他们在发挥创造力。这是求知的萌芽，我们应该小心呵护，而不是冷漠对待。

如果你发现孩子的好奇心在减退，就需要主动在生活中帮他们再次燃起求知欲。有趣的益智游戏，既能让孩子动脑，又能让他们在游戏过程当中进行思考。多参加户外活动，也能让孩子在探索未知世界的过程中产生好奇。父母唯一需要注意的就是，孩子往往都是三分钟热度，即便有好奇的萌芽，也很难坚持，专注力不足，这就需要我们不断去引导孩子，产生新的好奇点，才能将短时期的求知欲转化成一种长期的兴趣。

2.不断鼓励孩子的兴趣。

每一个孩子都是缺乏专注力的，他们生活中有太多新鲜的、可以吸引自己目光的事情，所以很难将注意力长期地投入一件事上，尤其是在面临挫折的时候，困难往往会让他们产生退缩的欲望，好奇心也在不断降低。这时如何让孩子学会坚持，就显得很重要了。

来自父母的鼓励，可以让他们在发展兴趣上有更多的勇气和坚持。父母的角色在孩子的成长过程中永远是最重要的，我们常说父母之爱是大爱，殊不知孩子对父母的爱更加无私，这种爱中还掺杂着他们的崇敬与依赖，所以，爸爸妈妈的一举一动都在牵动着孩子的心，都在影响着他们成为一个怎样的人。在这种情况下，如果你愿意给孩子一些鼓励，他们必然会更愿意坚持，面对困境也不容易退缩。

3.尊重孩子的兴趣，不断观察，发现兴趣。

在父母眼里，孩子喜欢什么，往往是有三六九等的。如果孩子喜欢弹钢琴，我们会觉得他以后会成为一个音乐家，这是值得鼓励的爱好，但如果孩子喜欢木匠活，有些父母就不甚在意了——他们可不想让孩子将来去当木匠。

然而这种态度的差别并不正确，在孩童的世界里，他们的兴趣并不因为世俗的观念而改变，喜欢就是喜欢，讨厌就是讨厌，过早用自己的价值观去判断孩子的兴趣是否值得投资，并不是父母应该有的态度。只要孩子的兴趣是积极的，是好的，是能给他们带去益处的，我们就应该尊重并引导。

尊重孩子的兴趣是前提，而关心孩子，不断观察，就是我们发掘他们兴趣的过程。平时多带孩子去接触各种活动，听音乐会、看舞蹈表演、参加亲子运动会，当我们陪伴着孩子在丰富多彩的生活当中成长，就很容易发现他们到底对什么更有兴趣，而这就是孩子的特长所在。

不管是逼迫孩子去学习什么特长，还是一味放任不闻不问，都不是一种正确的教导态度。我们要给孩子正面的引导与自由的空间，将这两者结合在一起，才是会教育的父母应该走的路。

第28种 "你画得真好看"
——孩子的兴趣和特长到底在哪里？

前面已经说了，培养孩子的兴趣应该张弛有度，既要有父母关注的地方，不能完全任由他们如野草般自由生长，也要时常给孩子自由的空间，这样他们才能发挥自己的潜力。但许多父母都表示，道理是好的，可在实施时却显得不那么容易——孩子的兴趣和特长到底在哪儿，就连他们也根本找不到呀！

找不到孩子的兴趣，因此在培养孩子的道路上显得茫无头绪，这是很多父母都会面临的普遍问题。当你遇到这个问题，首先应该问自己一句话："你真的了解你的孩子吗？你是否花费了足够的时间去陪伴他们呢？"

最好的教育是陪伴，如果在孩子成长的过程中，身为父亲或母亲的角色缺失了，不仅会对孩子造成永远的遗憾和不利的影响，对那些有志于给孩子良好教育的父母来说，也会面临尴尬——连了解都谈不上，又何谈给孩子好的教育。

我常常遇到一些父母，平时忙着工作，忙着在外赚钱打拼，希望给孩子更好的未来。他们不仅关注孩子的物质生活，也关注他们的精神培养，将小小年纪的孩子送到价格高昂的课外辅导班或者私立幼儿园，以期待给孩子最好的教育。

这样是否好呢？平心而论，父母的出发点都是好的，然而这样的教育环境与留守儿童所面临的尴尬何其相似！孩子失去了父母的陪伴，父母也缺乏对孩子的了解，哪怕给他们做出了自以为正确的选择，也不一定是孩子真心想要的。

这样的教育，只是外面看着繁花似锦，内里却是空空荡荡的。我们首先要给孩子足够的陪伴，才能了解孩子的需要，才能按照他们的需求给予帮助。

案例一

我的楼下住着一对老夫妻，孙子小克三岁开始就在市里最好的私立幼儿园上学，还没上小学就能说得一口流利的英语，弹钢琴也是有模有样，带出去谁都要赞一声，这个孩子非常优秀。

这样的小克小小年纪就显得彬彬有礼，非常老成持重，可我看着心里却不是滋味。正是因为我知道，小克的父母忙于做生意，平时几个月也回不来一次，所以导致这孩子很早熟，懂事却让人担忧。

小克很聪明，因为从小得到的教育资源优厚，逻辑思维比一般的孩子更强，抗挫折能力、表达能力等也非常棒。即便是从一个专业教育者的角度去看，这也是个非常优秀的孩子。但是有一天，我在跟他聊天的时候发现，小克平时并不是很开心，求知欲也不是很强。

比如，当我跟他谈起他擅长的钢琴时，小克并不像一般的孩子那样兴致勃勃，即便是得到了周围人的夸奖，也只是微微一笑，低下头来，感觉不是很在意。我问他："你是不喜欢钢琴吗？"

他却摇了摇头，说自己喜欢。可是当我问他为什么喜欢的时候，小克就不说话了，最后回答说："弹钢琴好的话爸爸妈妈就会回来。"

小克的意思是，弹钢琴可以参加比赛，每次参加比赛的时候父母都会来看，他就能看到爸爸妈妈了。为此，他一直坚持弹钢琴，父母也一直以为这就是孩子的兴趣所在，殊不知他们从来都没有了解过孩子真正的想法。

小克是我遇到过的非常优秀的一个孩子，他的创造力并不比一般的孩子差，父母所给予他的教育也谈不上是错的。但就是因为缺乏陪伴，所以他们不了解孩子内心真正的想法，往错误的方向去培养他，一方面会浪费孩子的天赋和时间，让他的童年变得不快乐；另一方面也会让孩子在生活上缺乏感情的滋养。时间久了，这样的矛盾早晚会爆发，这也是很多孩子青春期叛逆的原因。

到那时问题就变得严重多了，所以，在寻找孩子的特长和兴趣的时候，我们不应该只从表面去看，而是要去追根究底地探寻深层的教育模式。为什么你找不到孩子的兴趣所在？是不是家长对孩子的了解太少了？这个问题的答案，希望每一个父母都去思考一下。

还有的父母找不到孩子的兴趣与特长，则是因为没找到正确的办法，所以虽然天天和孩子在一起，也一样没能发掘出孩子的潜力所在。其实，大多数我们眼中泯然于众人的孩子，都是因为在成长过程中没有被发掘出自己的潜力，所以父母是否有良好的教育方式，往往决定孩子的未来能有怎样的表现，这两者之间是有一定联系的。

案例二

磊磊是个乖巧的孩子，从出生开始，一家人就将他当成掌中宝。小的时候，家人不敢让磊磊自己出去玩，担心他遇到危险；等到孩子稍大一点了，家里人也是再三叮嘱，各种不许，生怕磊磊受到同龄孩子的欺负，或者在玩耍时受伤害。

这就让磊磊养成了胆小谨慎的性格，遇到什么事都不太敢尝试，在新环境下特别容易害怕，见过的世面也少。

而且平时，磊磊的父母也很少有时间带他出去玩，磊磊就过着两点一线的生活，每天从家到学校，再从学校回家，很少接触这之外的环境。

这就导致磊磊的生活有些无聊，每当他听到同学们绘声绘色地描述，在哪里接触了什么新事物，去参加了什么新活动，都显得非常向往又茫然，因为他并不知道那是什么感觉。

因为习惯了自己单调的生活，磊磊并没有从中发掘出什么乐趣来，所以当父母问他的兴趣是什么的时候，磊磊就显得手足无措起来——就连他自己也不知道。

一个丰富多彩的生活环境，是让我们发现孩子兴趣所在的重要前提。寻找孩子的兴趣，就是一个广撒网重点捞鱼的过程，你永远不知道孩子的兴趣可能会体现在哪个方面，所以就得放手，让孩子一点一点去摸索，一样一样去尝试，才能找到自己的兴趣和潜力所在。如果永远把他们束缚在一个单调的环境下，就相当于是约束了孩子的选择范围，找不到他们的潜力点也是很正常的事情。

还有的时候孩子的兴趣往往是灵光一现，这是非常脆弱的萌芽，须得让家长小心呵护，可总有那么一些粗心或不注意的家长，刚刚发现孩子的兴趣，就将其"踩死"了。不管是限制了孩子兴趣的发展，还是因为不在意的态度打击了孩子的好奇心，都会让这棵幼芽衰败。

所以，寻找孩子的兴趣和特长，就像在一片土地上发现一种作物一样，首先得塑造适合作物生长的土壤，然后要呵护刚刚发芽的幼苗，才能够成功发现这种作物。要做到这一点，家长付出的可不会少。

好妈妈手记：应该发现、参与孩子的爱好

我们很难说孩子的潜力到底在哪里，有些时候，就连兴趣也是不能确定的。毕竟每个孩子都会产生各种各样的想法，如果不进一步引导，我们也不知道这是孩子一时的兴趣，还是可以成为孩子长期发展的特长。所以给孩子时间和空间去展现自己的兴趣，发掘自己的能力，我们才能真正找到孩子的爱好。

但现在很多家长往往就忽略了这一点，并没有给孩子留下探索兴趣爱好的空间。升学的压力仿佛早早地就落到了年幼的孩子身上，家长更喜欢让他们在屋子里乖乖做作业，不愿意给他们一些时间去玩耍，去选择喜欢的方式打发时间。然而你认为让孩子多学一点知识，就是赢在了起跑线上，殊不知是关上了可能影响他一生的发现潜力的大门。

孩子的未来不一定取决于所学科学知识的多少，如果过早地将他们禁锢在学习道路上，就相当于关上了所有的门，只给他留下了一个选择，我们自然找不到孩子的爱好所在。

积极发现孩子的爱好，就是给他们各种实践的机会，让孩子在探索当中展示自己，我们才能观察出孩子的潜力和才能在哪里。

这个过程当然少不了父母的亲身参与。给他们空间只是第一步，默默在旁观察，才能发现孩子的爱好所在。

1.当你的孩子专注起来了，有可能是感兴趣了。

让一个孩子专注起来是有些麻烦的，每个孩子都不是天生拥有专注力的，这需要后天的培养。如果你发现孩子突然变得专注了，那必然是有什么地方吸引了他，所以这样的领域往往就是孩子感兴趣的领域。

一旦发现你的孩子有更专注的表现，我们一定要多去观察，给孩子鼓励，给他们创造一个更好的学习条件，让孩子有更专心的环境，他们就能将这种兴趣发展为长久的爱好。

2.学会去激发孩子的兴趣。

有的时候发现不了孩子的兴趣，可能是因为家长的引导还不够，我们就要主动去激发孩子有可能产生兴趣的点。每一个孩子都是好奇的，这种好奇心就是激发兴趣的来源，我们需要利用它，让孩子在好奇中走向我们希望看到的道路。

举个简单的例子，当你的孩子因为对某些未知事物产生好奇而提出疑问时，千万不要用冷淡的方式去对待，更不要批评他们，也不要觉得孩子过于淘气，这些都会打击孩子的好奇心，我们要激发孩子的兴趣，就得用生动有趣的方式解答他们的问题，不仅满足他们当下的疑惑，还要引导孩子产生新的问趣，让孩子可以在这个道路上源源不断地产生探究欲望，最终就能成为支撑他们引发兴趣的动力。

与此同时，多带孩子参加课外活动，多去接触不同的环境，也是一种很好的激发孩子兴趣的方式，只有见多识广了，孩子才能够找到自己的兴趣所在。

3.参与到孩子的游戏中。

前面我们已经说了，有些家长找不到孩子的兴趣所在，就是因为对孩子不够了解，而孩子最多的时间都放在游戏上，所以如果我们能参与到孩子的游戏中，就能够理解孩子的爱好在哪里。

有些家长总认为，陪伴孩子就是要教育孩子，让孩子去学新东西，而陪着孩子玩游戏是浪费时间的事情。这其实是一种误读，孩子只有在游戏当中才能自由地展现出最真实的自己，才能发挥自己的创造力，玩耍是他们生活当中非常重要的事，也是家长需要关注的。如果我们能参与到孩子的游戏当中，就能更好地发现他们的特长与兴趣。对带孩子感兴趣的游戏，千万不要阻止，我们应该去鼓励，并且加强互动，这样的陪伴才是更高质量的。

4.培养孩子的兴趣需要好的外部环境。

让孩子有兴趣，并且乐于在自己的兴趣上坚持，家长需要创造一个好的外部环境。首先丰富多彩的生活才能让孩子引发兴趣，过于单调无趣的生活环境，就相当于把孩子束缚在一个狭小的空间里，他们可以选择的路变窄了。同时，想让孩子找到自己的兴趣，有探究心理和求知欲，并且足够坚持是很重要的。可是有些家长自己都缺乏这些良好的品质，却要求孩子做到，是不是有些太苛刻了呢？如果我们能够以身作则，相信孩子在寻找兴趣上也会更加容易，可能培养出孩子好的生活习惯。

"嘿，这是一棵大树吗"
——抽象画好，还是写实派好？

　　艺术教育是培养孩子创造力时需要格外关注的一面。在成年人的世界里，最拥有创造力的一群人，除了科学家就是艺术家，艺术家拥有儿童一样的想象力，所以才能创造出直击人心灵的、他人想象不到的作品。因此，注重对孩子进行艺术教育，可以让他们的创造力得到更好的发展，呵护他们创造的萌芽。

　　这其中，绘画就是非常好的一个方面。绘画与音乐，是两个重要的感官教育，音乐可以调动我们的听觉，让孩子更加立体地从另一个方面去感受和创造，而绘画则将思维具象化了，通过一支画笔和丰富的色彩，孩子可以将精神世界完整地呈现出来，更能体现创造力。

　　所以，就我个人而言，我是非常推崇对孩子进行艺术教育的，也希望每一个父母都跳出功利的想法，不以培养一种特长为目的，只是陶冶孩子的情操、锻炼他们的思维，去放手让孩子听音乐、绘画，这样对培养他们的创造力有非常好的影响。

这也就引发了很多父母的疑惑，比如，在绘画这个方面，就有人问我：

"孩子画得很写实，是不是意味着他没有创造力，就知道描摹？"

"我的孩子画画天马行空，谁也读不懂，到底是什么意思，这就意味着他想象力丰富吗？"

……

到底是抽象画能体现孩子的创造力，还是写实派可以让孩子展现内心思维呢？许多家长都希望得到一个切实的答案，这样可以让他们更轻松地去教育和引导孩子，然而我的答案可能有些令人失望——

过于抽象的画，并不代表孩子一定拥有创造力，孩子喜欢写实，也不代表他们的想象被束缚了。

家长不要用"非黑即白"的方式去判断，孩子的画是什么风格，只代表他们的欣赏水平和表现能力，只是一种技能的体现，不代表孩子的创造力高低。过去我们认为，随手涂鸦的孩子，都是在画乱七八糟的画，不如那些画画技巧好的孩子，不值得鼓励，这是一种"唯技术论"，是错误的。然而现在，很多家长又开始过分追求异想天开，一定要让孩子随手涂鸦，画得越难以辨认越好，觉得这才是想象和抽象思维的体现，同样是一种极端态度。

对孩子的涂鸦，应该保持的是鼓励和支持的态度，不管他们选择了什么样的风格，我们都要让孩子感受到父母的认可。**创造力是一种思维，只要孩子在绘画当中体现了这种思维，他最终的表现方式是什么都不那么重要，我们也不必过于计较。**

案例一

在涂鸦班上，有个小朋友菲菲与其他人总显得格格不入。菲菲从小就喜欢画画，而且有非常好的美术天赋，虽然也和其他小朋友一样信手涂鸦，但画出来的东西已经有模有样了。有时候，看到她画的小汽车、小房子，就连老师也忍不住感叹，这孩子真是天赋可嘉。

菲菲妈妈似乎不那么高兴，她经常担心，这是不是孩子在学习绘画的过程中，过于关注技巧了，孩子画出来的画是不是太有"匠气"，不够有想象力？为此她还举了几个抽象画家做例子。

我告诉菲菲妈妈，表现方式和表达技巧并不是最重要的，孩子心里怎么想，才是体现她有没有创造和想象能力的关键。

我拿起了一张菲菲的话画给她解读。在这张画里，菲菲创造了一辆长着翅膀的自行车，虽然自行车画得非常写实，但图画的内容却是天马行空的，我们可以看到，这是她在畅想人们可以骑着会飞的交通工具在天上翱翔，城市里不再有道路，大家都可以在空中穿梭。

菲菲画得很像，所有人都可以看到这样的景象，但并不是人人都可以想象到这样的场景，这就是一种想象力和创造能力的体现。写实的画风并不意味着它被局限了，相反，这可以让菲菲更好地描绘出心中所想，鼓励自己继续创造，对培养想象能力反而是一种好的表现。

所以，孩子用什么样的方式去画画并不重要，重要的是孩子在画中展现了怎样的思维。我们不要用成年人的想法去解读孩子，不要单纯从技巧上去评判孩子的思想，而是要真正走进孩子画中的世界，真正走进孩子那颗富有艺术感的心灵。而这，是家长引导孩子，建立艺术思维的第--步。

然后，我们要去理解孩子的想法，赞同他们的想法，最终呵护他们的创造性思维。譬如绘画，不管孩子展现了一个怎样不可思议的世界，我们都要去引导孩子发挥想象力，对他们创造出的世界进行肯定和鼓励，而不是打击和排斥，更不是从成年人的世界，对他们所展现出的思维进行评判和挑剔。

不要说，孩子画的是"乱七八糟"的，是"不可能"的，几千年前人类也没有想到自己在未来会登上月球，翱翔于宇宙，这就说明我们的思维是永无止境的，未来也是如此。**成年人被社会规则所束缚的思维，永远赶不上孩子那样广阔，所以**

我们不能用自己的长处去挑剔孩子的短处，这对培养孩了创造力，没有好处。

尤其是大多数时间孩子所描绘的画面，就是他们的精神世界，就是在表达他们的情感，倾诉他们的内心，过多的负面评价，会让孩子关闭自己倾诉和表现的大门，再想跟他们进行这样心灵的沟通，就变难了。

案例二

不久前，明明在家中挨了妈妈的训斥。原来，年仅五岁的明明最近迷上了用蜡笔画画，趁妈妈不在家，就用蜡笔将客厅洁白的整洁的墙面涂得乱七八糟。爱干净的妈妈回到家中，看到这样的场面，顿时就气得失去了理智，尤其是发现花在墙壁上的蜡笔很难去除时，更是忍不住发怒。

挨了妈妈训斥的明明也知道自己闯了祸，妈妈让他以后不可以随便在墙上乱涂乱画，他连连点头，显得小心翼翼的。

结果过了几天，妈妈突然发现了明明的改变。自从上一次在客厅里画画被训斥，明明就再也没有碰过之前的蜡笔，一直很迷恋的绘画也被他丢在一旁了。妈妈很纳闷，就去问明明，小家伙有点郁闷地说："画画会惹祸，不喜欢了，不想画了。"

原来，因为画画被训斥了，所以明明就觉得这很危险、容易闯祸，就再也不想动笔画画了。

妈妈对明明的训斥本身是有原因的，然而明明年纪太小，并没有分清"不可以在客厅画"和"不可以画"的区别，反而因为妈妈过于严厉的训斥，而对涂鸦产生了畏惧。这其实是就是一个典型的例子，很多时候我们对孩子的教育是师出有名的，但孩子不能分清这其中的差别，往往会迁怒于让他们挨训的事，从此一朝被蛇咬，再也不敢尝试。这就让我们在无形之中关闭了孩子发展的空间和大门，对他们的成长是很不利的。

所以至少在涂鸦这件事上，请家长对孩子多一些宽容和鼓励，不要总是打击他们，哪怕孩子去闯祸了，也要宽容一些，这样我们才能够更加直观地看到孩子的内心世界，并且帮助孩子，在绘画这件事上发明创造，培养自己的想象能力和创造力。

好妈妈手记：从涂鸦绘画中看到创造力

从涂鸦绘画上我们能够看到孩子的创造力。它是一种具象化孩子精神世界的方式，虽然很多孩子因为表现能力不强，很难用自己的双手将精神世界完全展现出来，但是他们学会运用色彩和线条去展现内心，这就是一种创造。在幼年时期，很多孩子都乐于绘画，并且通过绘画来表达感情和情绪，这是一种非常正常的事，只要我们能够积极引导，孩子就可以通过绘画培养和发展自己的创造力。

画得好坏并不是我们评判孩子是否值得鼓励的标准，他们通过画展现了一个怎样的内心，才是我们需要探究的。毕竟孩子在绘画上的天赋不同，不是每一个孩子天生就有画画的能力，也不是每一个孩子执笔时都显得幼稚可笑、毫无章法，但这些都是他们技巧和绘画天赋的差异，孩子想要展示的精神世界是一样丰富多彩的。所以我们不能单从技术上去评判，而是要从他们画的内容上去判断孩子的绘画好不好。

这才是出于培养孩子创造力所进行的教育。用绘画的方式，展现孩子的艺术思维，让他们学会表达自己对周围世界的态度，学会在绘画当中发挥自己的各项潜力，学会完善他们的认知和个性，这是目的。而绘画，不过是一种手段罢了。

所以我们首先要做的，就是不要纠结孩子的涂鸦绘画技术到底好不好。看着抽象也罢，天马行空也罢，过于具体也罢，这些都不是我们应该去关注的重点，要始终记得绘画只是一种表现方式，我们的目的是培养和引导孩子的创造力。

然后，我们再去讨论如何引导孩子进行绘画涂鸦，可以最大限度展现创造力。

1.让孩子根据自己的生活去创造。

有些时候在孩子绘画之前，我们需要先给他们设定一个范围或者题目，然后让孩子进行延伸发挥。这种方式可以让孩子从一个点展开思考，更容易找到孩子创造的落脚点，如果你让孩子完全自由地去发挥创造，他们反而可能会觉得无处下手。

这个落脚点一定要贴近孩子的生活，只有这样，他们才有创造的素材。让一个从来没有听说过"航天"是什么的孩子去创造航天题材的画，就相当于让一个没有见过西红柿的人猜测西红柿的味道，培养不出孩子的创造力。只有给孩子一个他们已经有所了解，但是又不甚了解的题材，孩子才能够在联想和思考的基础上发挥创造能力，这样创造出来的东西也是最令人惊叹的。过于天马行空，只会让孩子一头雾水，整个绘画的过程缺乏思考，谈不上培养什么能力。

2.引导孩子去感受和认识美。

绘画是一种内心世界的体现，是孩子对自己所思所想的一种描绘，也是一种审美的表现。创造力的高低也有审美能力的影响，一个能够发现美和评价美的人，在创造的过程中更能引人共鸣。所以让孩子在绘画的过程中认识到什么是美的，学会去感受生活当中的美，可以塑造一个更完满的内心世界。

3.绘画方式是多样的，让孩子学会自由表达。

抽象画也好，写实画也好，都是孩子对内心的一种表达，我们不应该过多挑剔，同时，爱的方式也是多种多样的，创新这些绘画方式，可以让孩子在表达内心时变得更加自由。

举个简单的例子，"拇指画"就是一种特别的绘画方式，孩子可以用手指蘸取颜料，在纸上自由涂抹，通过这种方式来画出一幅画。当他们脱离了画笔，进入一个完全陌生的作画环境当中，就更不容易受到以往习惯的局限，就更容易创造出有新意的作品，所以，一个新的创造方式也是很重要的。

创新的绘画方式，可以让孩子更加自由地表达内心所思所想，我们还可以引导孩子自己去创造绘画的模式，让他们在这个过程中学会思考和探索，相信孩子的创造力可以得到进一步提升。

第30种 "我们跟着音乐一起跳吧"

——应该送孩子去兴趣班吗？

　　培养孩子的兴趣，该不该送到兴趣班进行统一、专业的训练，是很多父母会面临的一个选择。

　　不管是唱歌、跳舞，还是绘画、书法，孩子在挥洒爱好的时候，家长们总是忍不住想得更多一些——如果孩子能在玩耍之余学出一点成果，就更好了。所以，不少父母都决定将孩子送到兴趣班去学习。尤其是近年，兴趣班的招生情况明显年轻化，越来越多的幼儿被送到兴趣班去。这是因为，大多数父母都希望他们的孩子更优秀一些，一些人说他们不能让他们的孩子"输在起跑线"，这就反映了爸爸妈妈的焦虑。

　　这些兴趣班五花八门，传统的绘画、舞蹈等都是有的，如溜冰、下棋，甚至是魔方也都存在。当然，令人高兴的是，很多兴趣班倒是不以专业训练为目的，看起来都很有趣，照顾孩子的想法，注重让孩子全面发展。

所以这种行为不能说一定是错的，毕竟，每个人都可以根据孩子的情况选择培养方式。但我们也认为，小孩子的职业是自由的游戏，虽然兴趣班也可以很有趣，是让孩子玩的，但必须记住它应该是孩子"自由"的选择，学习的内容不要太难，不应该给孩子造成压力。

案例一

小美从小就喜欢跳舞，刚会走路就爱跟着音乐蹦蹦跳跳，长大一点之后更是乐于跟着优美的旋律做出各种动作，来表达自己的感情。妈妈看到了，觉得这孩子天生就有跳舞的潜力和兴趣，就把她送到了兴趣班专门学舞蹈。

一开始小美特别高兴，因为自己终于可以和小朋友们一起学舞蹈了，所以她学得很认真，就算有累和苦的地方也是兴致勃勃的。老师跟妈妈说，小美特别有天赋，可以考虑以后往这个方面培养。

这就让妈妈更关注了，还专门给小美报了一个考级的班，平时也对她严格要求，只要有懈怠的时候，就要敦促和教育。这样一来，小美就有点承受不了负担了。

当主动的舞蹈变成了被动的学习，小美觉得自己不仅不愿意上兴趣班了，连跳舞的乐趣都少了很多。

对于蹒跚学步的孩子来说，早期的专业训练对他们的能力过于高估了，孩子在压力下产生的心理变化，父母应该考虑和注意。如果孩子的兴趣培养从"游戏"变成一个无聊的"学习"过程，那会让他觉得很累、很无聊，孩子就失去了主动性和求知欲。

除此之外，幼儿应该接触更广阔的环境，了解周围的一切，如果他过早地在小圈子里长期从事专业训练，可能会让儿童心理发展缺失。

比如，很多自幼训练的运动员、音乐家，在长大后都会显露出为人处世上的小缺陷，显得比同龄人更加单纯甚至过于"单纯"，这就是因为过早的专业训练阻碍了他们正常成长。从培养创造力的角度上讲，这不是一个好的选择。

案例二

以前我遇到过一个"小天才"，她叫贝贝。贝贝在音乐上有超乎常人的天赋，父母都是演奏家，让贝贝耳濡目染从小就在感受音乐，还在牙牙学语时就跟着父母辗转各地参加演出。等到她上小学，已经是个有一定技术和实力的小演奏者了，经常自己去表演和参加比赛。

我很少见到贝贝有空闲的时候，平时除了上学就是学琴，除了练习就是表演。好在这孩子很喜欢音乐，也乐于沉浸在音乐的世界里，这让她更有进步。

但是我也发现，贝贝在音乐上的学习花费了太多时间，导致她在其他方面缺乏"常识"，在其他领域接受的教育反而少于旁人。她对文字的理解能力不是很强，也不爱说话和表达，有时候沉默很久才能组织好自己的语言，而且在思维上显得不那么灵活。

这样时间久了，必然也会对贝贝在音乐上的造诣产生影响。一个思维不活跃、理解力不强的孩子，是无法成为优秀的演奏者和音乐家的，更不能创造出独属于自己的音乐。

一般来说，对一个孩子而言，学习一门特长是不错的，但前提是孩子有兴趣，而且时间合适，那么给孩子报班也是可以考虑的。父母更多地应该考虑，在这个阶段让孩子接触大自然，这样他就能在游戏中学习和成长。

好妈妈手记：让孩子自由地感受兴趣

父母是孩子的榜样，孩子会向他们寻求指导，所以我们的指引将会直接调整孩子的学习方式。在艺术类教育上，我认为父母不应该给孩子太大压力，让孩子自由自在在艺术的环境里徜徉，并学会将其与日常生活联系起来是最重要的。自由才能够带来兴趣，孩子受到的拘束变少了，也许不能很好地安排自己的时间，在音乐、美术或者舞蹈的学习上很难做出什么专业性的成就，但他们却可以在其中获得乐趣，学会自由快乐成长。

只有这样，孩子才会真正爱上并享受自己的兴趣，并从中培养自己的创造和思考能力。带着孩子去自由感受、自由创造，可能比培养较高的艺术水平更加有必要。

为实现这一目标，家长必须意识到孩子真正喜欢做的事情，并参与到孩子的活动中，跟孩子一起学习，或者说用"玩耍"的方式去学，也许是更好地提高孩子兴趣的方式，这样孩子可以感受到，兴趣能给他们带来一个更美好的世界，孩子就可以自发创造。

让孩子的生活与歌舞、绘画或者其他有趣的事联系起来，让他们可以自由感受甚至是创造。我们就以歌舞为例，给家长举几个例子：

1.母亲在婴儿的时候对孩子唱歌，让孩子接触到各种各样的幼儿歌曲，让孩子感受节奏和相应的身体动作。

2.在家里听各种各样的曲目，或者干脆调到车里的音乐频道，不管父母是否喜欢音乐。

3.带孩子去现场看音乐或者舞蹈表演。

4.如果父母和孩子会演奏音乐，他们可以演奏二重奏，或者是孩子演奏的一部分。

5.让孩子学会用音乐表达情绪，用舞蹈来展示一个故事，这些都要他们自己设计，父母不必提出任何指导建议。

6.不要对孩子在歌舞上的成就做出任何过高期待，让孩子享受才是最重要的。

7.鼓励孩子去创造，而不是单纯地模仿别人。他们的动作不用太标准，歌喉不必太响亮，但只要敢创作就得鼓励他们。

8.在家里为孩子和朋友的孩子举办一场小型音乐会，让大家一起感受音乐与舞蹈。

父母参与学生的兴趣培养有积极的影响，父母在培养孩子的兴趣意识方面扮演着重要的角色，引导他们将兴趣与日常生活联系起来，这是老师不能做的事情，因为他们每周只花很有限的时间和学生在一起，而家长却把大部分的时间都花在了他们的孩子身上。所以，我们的指导方式才是最重要的，能不能让孩子在感受兴趣时培养创造力，成为拥有创造性思维的人，取决于父母而不是老师。

除此之外，在考虑孩子是否通过兴趣班去学习的时候，我们也要注意从多个角度去思考，这样才能保证孩子培养出创造性的思维。

首先，孩子有个体差异，父母应该尊重这一点。

也就是说，孩子参加各种各样的书法班、绘画课，或者歌舞学习都没有错，但绝对不能以父母自己的想法来考虑，而是根据孩子的情况和兴趣。毕竟，我们都是为了孩子，当我们抱着让孩子在娱乐中学习的态度时，我们应该尊重孩子的选择。否则，如果没有学习兴趣，任何成就都做不出，这是不值得的。因此，**是否参加兴趣班，应该以孩子是否有心理压力来判断，他觉得快乐、不累、好奇，那就让他学；但如果孩子正在**

挣扎、烦恼，那就没有意义了。

其次，要考虑兴趣班是否有利于儿童的全面发展。

最重要的是，要保持儿童在幼儿时期的大脑、思维和其他方面的平衡发展，这就要求孩子在各个领域都要有丰富和广泛的活动。同时，我们也应该引导孩子学会锻炼思维。如果对孩子的兴趣太过局限，过于专注兴趣学习，反而容易忽略正常的成长教育，很明显对孩子是无益的。

最后，尽量不要让孩子参加分级制度的兴趣班。

现在许多兴趣班将会出现分级情况，以考级、培养专业技能为目的。这样一来孩子更容易产生压力和缺乏兴趣，把"有趣的课"变成枯燥乏味的学习，而考级成绩等也会让孩子感到自卑，觉得自己不如别人，甚至在别人面前表现得很差劲。此外，分级观念还为时过早，不利于儿童的成长。

如果孩子因为考试不通过而沮丧，他们可能会浮躁而不耐烦，这样孩子就会厌倦学习。因此，兴趣班的主要目的是培养"兴趣"，而不是参加强调考试成绩的课外课程。

第八章

给孩子储备创造力素材
——大自然是最好的
启蒙老师

第31种　"天气这么好，出去玩玩吧"

——该不该领孩子出去"疯"？

　　著名的教育学者松田道雄曾经出版了一本名为《育儿百科全书》的书，在他的书中，他说道："对孩子的教育有两个地方很重要，一个是尊重孩子身体的发展规律，尊重他的独立性，尊重他对自然的爱；另一个是给孩子一个强壮的身体，每天让他参加户外运动。"

　　父母不能只是给孩子美味的食物，这不代表我们在养育一个健康的孩子，另外保持每天三到五小时的户外运动是必要的。

　　瑞士的一位儿童心理学家就说："童年，孩子对世界的理解来自探索，知识来自于探索，探索和活动是思维能力发展的基础。"

　　父母应该了解户外运动对孩子的重要性。生命中一切的基础都源于强壮的体格，如果没有良好的身体素质，那么再多的理想和智慧只能是纸上谈兵，甚至是空中城堡。所以，要让孩子学得好，身体好，性格好，就带他到外面去，让他与自然、社会进行直接接触和体验。在这样的环境下，孩子可以得到全面的学习。

也只有这样，孩子才能够获得足够多的信息，去培养自己的创造能力。

案例一

琳琳小时候身体不太好，所以父母总是不爱让她出门，一年到头在家里待着。等到稍微大一点了，琳琳可以出门了，反而养成了"宅"在家里的习惯。

因为常年不接触外界，琳琳对如何跟小朋友交流非常陌生，既不会跟人交往玩耍，也不像别的小孩一样见多识广。当爸爸发现，琳琳就连看到路边的狗尾巴草都非常好奇、惊讶的时候，才发觉孩子见识到的东西实在是太少了。

于是，他坚持带孩子出去玩，平时没事就去广场散步，周末则去郊区或者森林公园踏青。时间久了，琳琳的身体不仅变好了，而且认识了许多野外的花花草草跟动物，也懂得了许多生活常识，性格也变得开朗好奇起来。

许多人认为鼓励儿童在野外玩耍的理论将不利于以后的学习。对于孩子早期的成长来说，每一次旅行，每一件接触新事物，每一个游戏和活动都是一个学习的经验。这就为我们奠定了成长的基础。只有在基础打得好，可以利用的信息更充分的情况下，孩子才能在后续的学习和工作中得到更好的发展，才能有素材去发挥自己的创造能力。就像盖房子一样，如果你没有良好的基础，怎么去建起一栋结实的擎天建筑？因此，玩耍不是孩子不学习的原因，主要是看父母在户外运动时如何去引导孩子，只要方式正确，我们可以引导他学习一些东西。

为什么我们鼓励家长必须给孩子户外运动？首先，这对孩子的健康非常重要，在室外接触新鲜空气，接触各种自然元素，可以让孩子有更加强健的体魄。另外，则是因为我们可以为孩子提供各种户外游戏，让孩子培养创造力。在户外，除了需要父母陪伴，我们甚至不需要花钱买各种各样的教育材料，就可以带孩子上一堂创造力的课。

案例二

小雷妈妈就是个特别擅长在大自然中寻找教材的母亲，每当秋天到来的时候，她都会带小雷去郊区的森林公园玩，其中"捡叶子"就是小雷最喜欢的事情。

妈妈会带着小雷在森林里寻找各种各样不同的树叶，然后带回家整理平整，在绘画本上拼贴起来。不同颜色、大小和形状的叶子，通过妈妈和小雷的巧妙设计，就可以变成栩栩如生的小鹿、蝴蝶或者是花朵，这在小雷眼里简直有趣极了。他不仅认识了许多树叶和植物，还借此机会锻炼了自己的创造和想象能力。

最初带孩子到户外，可以让他们根据自然的馈赠设计一些艺术作品，他们会有点不知所措，但只要我们能积极引导，给孩子做一些适当的模型，孩子很快就会开始"想象"，会给我们一些惊喜。

父母还要教育孩子意识到保护自然的重要性，这些都是孩子能学到的。家长和孩子一起参加户外运动的过程很重要，这就是孩子想要的教育，这就是世界上"最好的妈妈"或者"最好的爸爸"。

好妈妈手记：多带孩子接触自然，进行户外活动

太多证据告诉我们，让孩子更多地参加户外活动，他们的个性、体能、耐力、洞察力都会得到发展，甚至食欲不振、视力下降等问题也可以产生积极的改变。从其他方面讲，暴露于户外活动当中，让孩子在接触自然时了解其内的规则，也可以让孩子对外界建立一个初步的了解。因此，良好的户外活动是提高孩子提高自身能力的有效途径，父母应该多带孩子到户外去。"读万卷书，行万里路"，只带孩子在室内，这是不可能扩大他们的视野和开阔他们的眼界的，更不要谈给孩子提高创造力了。

创造力的发展需要有一个广阔的眼界作为基石，多带孩子去接触大自然，进行户外活动，就是在打地基，给创造力一个生长的土壤。

为了让孩子健康成长，父母应该对孩子的户外活动和游戏有一些指导，从以下三个方面开始，让孩子在活动中成长得更好。

1.让孩子学会在活动中"思考"。

户外活动不是"没有大脑"的运动，实际上，我们的活动会调动大脑变得更加活跃，培养敏感的反应和果断的判断力，这些都是智慧"运动"的体现，所以我们也要让孩子学会在户外活动中"思考"。

比如和孩子玩球，可以让孩子学会观察别人的动作，思考怎么样皮球可以跳得更高，他怎么能玩得更灵活、更流畅，如何从别人那里得到球，这就是一个思考的过程。

父母应该让自己的孩子学会在活动后如何总结，这样他们就可以用他们的大脑和探索未知的东西，而"学习"可以被认为是无处不在的。随着时间的推移，孩子会有自己的思维过程和习惯，这将促进智力的提高和发展，他们对新事物的理解将会得到加强。

这种引导儿童思维的方法不仅简单，而且不会让孩子感到抗拒，它是一种顺应潮流的学习过程，它能让孩子"玩"得更聪明、更好。

2.激发孩子的探索精神，使他们能积极学习。

游戏、玩耍和任何活动，都是孩子在探索未知的过程中发展自己的能力。家长应该意识到孩子在活动中会受到怎样的影响，然后激励他们在游戏和活动中进行创新和探索。

例如，一些父母习惯计划他们孩子所有的行为，甚至户外活动时也提前要求他们"该如何做"和"怎样做会更好"，这实际上是抑制孩子的想法的行为，对发挥孩子探索精神是没有好处的。

只要孩子的行为不会对自己和他人造成伤害，父母就不应该干涉孩子的玩耍。这种"适当的放纵"可能会让孩子在游戏中进行创新和游戏，从而产生实验和探索的欲望，这将使他们能够锻炼自我协调和应变能力。这是孩子自发地学习的一个很好的过程，可以激发他们的探索精神。

3.放开你的手并不意味着毫不关注，指导是至关重要的。

我们说"放手"，让孩子自由去探索活动的乐趣，这是一个好方法，但这并不意味着父母毫不关注孩子的行为。我们所说的"放手"是指给孩子玩耍的权利，不让父母去影响孩子的游戏，但这并不代表父母就可以抱持着"你自己去玩，我不关心你"这种态度。父母应该在孩子玩耍的过程中，及时观察他们的问题，并给予适当的指导，这对孩子非常重要。

父母的指导不仅可以保护他们的安全，也可以让他们得到必要帮助，更好地在遇到麻烦时克服困难。因此，尊重孩子的运动自由，也需要家长必要的指导，让孩子在户外活动有更快、更全面的发展。

第32种 "妈妈，看这朵黄色的花"

——大自然能教给孩子什么？

我们说要让孩子学会探索大自然，自然不仅是最厉害的能工巧匠，创造出我们眼前这个奇幻瑰丽的世界，也是最博学多才的老师，能够让孩子学会如何成长，学会成为一个优秀的人。

有些家长就感到非常疑惑，让孩子接触自然和探索自然不难，但我们能从大自然当中让孩子学到什么呢？其实你不应该产生这样的问题，我们要问的不是孩子能从自然学到什么，不是自然能教给孩子什么，而是他们有什么不能从自然中学到。对一个年幼的孩子来说，他在生活当中大多数的技能都可以从自然中得到解答。万事万物的规律，都是自然在展现给我们的答案，人类就是在探索自然的过程当中，寻求了我们如今走的这一条道路。

可以说，自然是一切问题的源头，也是一切答案的开始。

一个在大自然体验当中成长的孩子，才得到了真正完满的教育。 回归自然不仅仅是一种概念和口号，更是满足孩子天生需求的。

对当下的父母而言，他们往往过多地去关注孩子在成绩上的表现，又或者过多考虑自己的孩子是否有各种技术与能力，相比之下，有没有在大自然当中充分学习，反而成为次要的事了。于是你会发现，许多孩子因为远离自然，对很多该知道的事情表现得一无所知，明明年纪已经不小了，却连关于大自然的常识都答不出来。这不仅仅代表了一种无知，更是一种教育的缺失，而这样的教育是生活在钢筋水泥的城市当中无法获得的，是坐在隔绝自然的屋子当中无法学会的。

案例一

上个月，几位老师带着小记者团在学校当中进行采访演练，突然发现了一个意外的问题——学校里临时采访的很多同学，虽然已经是高年级的学生了，却对小记者提出的关于粮食、蔬菜等农作物的问题表现得非常陌生。

比如"米饭和面条是不是一种作物产出的"这个简单的问题，老师本以为大多数孩子都知道，就算孩子没有见过大米和小麦，也应该在生活当中听说过两者的差别。然而事实上，就连小记者也有很多表现得非常茫然："难道这些不是一种粮食吗？"

老师叹了口气，就这样的回答，更不要提让他们区分大米和小麦了，相信十个孩子当中，能有一个答出来就算是惊喜了。

面对老师的这种失望，临时被采访了的一个孩子表现得有些不服气，他大声反驳说："知道大米和小麦长什么样根本不重要，我们又不需要去种，有这个工夫，还不如多学几道题呢！"

看，孩子这种不识农事、五谷不分的情况，不就是我们远离大自然的教育模式导致的吗？缺乏自然常识，本身就是一种缺陷，是教育上的一种不及时和不全面，应该得到父母的重视与关注。然而，大多数父母在听到此事都显得毫不在意，他们更愿意让孩子花时间去提高十几分，也没有意识到这个不能体现在分数上的教育有多么重要。

然而此时的疏忽就是彼时的悔恨，如果真的错过了在孩子成长的过程当中，让他们学会这些基本的生活常识，让他们得到大自然最珍贵的馈赠，你的孩子就失去了自觉培养创造力最好的机会。

案例二

沐沐的父亲是一位生物学教授，在沐沐还小的时候，他就经常带着孩子在大自然中徜徉，让孩子去触摸花花草草，认识各种各样的昆虫，又或者是见识不同的高大树木。

所以，别看沐沐今年才五岁，见识却比很多成年人都要广泛，对大自然的了解更是超出了大多数同龄人。他也非常喜欢这样的自然，只要一听说父亲要带自己出去玩儿，永远是最积极响应的。

沐沐在探索自然的过程当中学会了观察和思考，学会了根据自己的兴趣去寻找一个问题的答案。虽然父亲没有刻意引导，但沐沐已经无师自通地学会了一整套实验的方法，并在自己玩耍的过程当中运用得非常熟练。

关于这种放任孩子跟大自然接触的教育方法，沐沐的父亲不仅不觉得危险，反而觉得是最能培养创造潜力的。他说："如果说牛顿是在被苹果砸中脑袋之后发现了万有引力，那他就一定是一个非常喜欢去自然当中思考的人，如果他天天待在屋子里，就失去了发现的契机。这告诉我们什么呢？一个成功的人总是乐于去亲近大自然的，他们得从自然中发现和学习。"

沐沐的父亲这种教育模式当然是值得肯定的，就像他说的，大自然给许多人带来了成功，因为在自然当中自由地成长可以让人们的想象力和好奇心都得到满足与发展，在这个基础上，创造力就拥有了无限发展的空间。

我们要培养孩子的创造力，让他们成为一个全面发展的优秀人才，从身心都保持绝对的健康，就一定要让孩子在童年时多跟自然接触，一个经常跟大自然接触的孩子，才能够更加全面地发展。

好妈妈手记：让孩子学会享受自然

大自然是最真实、复杂的课堂，就算是再有才华的老师也无法代替大自然，去给予孩子这样的教育。所以，我们应该放手让孩子去接触自然，并让孩子在这个过程中学会享受自然，这才是正确的教育方法。

坐在屋子里，通过人为的方式陶冶情操，永远都不如大自然带给我们的一切那样美妙。钢琴的声音再动听，远不如溪流拍打岸边那样多变；美丽的舞蹈再婀娜，也不如大自然创造出来的生灵那样千姿百态。若要培养孩子的创造力，必得培养良好的审美和艺术表现能力，而审美与艺术表现力，往往就是在欣赏自然、享受自然的过程当中得到发展。

所以，我们不仅要放手让孩子去大自然当中学习，还要学会让他们享受这个过程，这样孩子才会从中得到积极正面的收获，而且还能够保持着探索自然的好奇心与积极性。要做到这一点，前提是我们要给孩子提供探索自然的机会，让他们在想的时候随时都能进入大自然当中上一堂课。在这个前提下，孩子会爱上自然，家长在从旁引导，就可以让他们更好地享受自然给予的教育。

父母可以注意从以下几个方面入手。

1.让孩子学会在大自然中发挥自己的观察能力。

观察自然是享受自然的一种方式，大自然当中的每一项都是十分丰富的，孩子哪怕只是选择一个点去观察，也能从中得到非常多的知识，所以学会观察，学会深入了解非常重要。观察，不仅可以帮助孩子理解自然，还可以培养他们的专注力和思维能力，对孩子创造力的提升也是有一定帮助的。

我们可以在自然当中用语言或者动作指导孩子去寻找观察对象，让孩子学会从外形到声音多个方面去观察，并且能够通过自己的语言或者绘画将观察到的景象再现出来。在观察的过程中，孩子还可以学会夹杂着思考，只要父母对他们提出的问题进行耐心的解答，孩子的好奇心和思考能力就会自发地得到培养。

2.可以将自然建立在孩子身边。

有些家长平时忙于工作，或者苦于城市当中很难让孩子接触到真正的自然，就因此放弃了给孩子创造大自然这堂课的机会，其实是错误的。我们在生活中的确越来越远离自然了，但这并不意味着就没有接触自然的途径，完全可以利用身边的花园、绿化带乃至家中的阳台，给孩子建立一个微型的大自然。

什么是大自然？只要是充满生命力的都可以是自然的缩影，所以就算你在家中种上一棵小草，也能让孩子在其中感受到自然的乐趣。从微缩的自然开始一步一步，引发孩子对大自然的好奇心，慢慢创造让他去更远的地方探索的条件，也不失为一种良好的大自然的教育。

3.别阻碍孩子去接触大自然。

总有一些父母出于这样或那样的原因，始终牵着孩子的手，不愿让他们自由地去接触大自然。

比如，大多数孩子在学龄前都是喜欢玩泥巴或者堆沙子的，从一个成年人的角度上讲，玩泥巴和堆沙子都是不干净的，也很难从中看到什么乐趣和益处，这就让很多父母阻碍孩子去接触泥沙，宁愿让孩子穿得干干净净地坐在屋子里学习，也不愿让他们在外面和一堆沙子玩耍。

这就是从成年人的角度去思考孩子了，其实，孩子在玩沙的过程就是一个探索外界的过程，泥沙可以塑形，能够在他们的小手当中变换出任何自由的形状，所以孩子就可以借助玩泥沙，去重塑一个世界，展现自己眼中的世界。这是一个发挥创造力和想象力非常好的捷径，这就是孩子在自然当中找到的路，可是很多家长无意间就给他们堵上了。

所以，我们不应该过多束缚孩子，你永远都不知道他们在探索和玩耍的过程当中，找到了一条什么样的新通路。当然你也不必要知道那么多，只要学会在后面鼓励孩子，给予他们足够的支持，就够了。

第**33**种 "我想去小河对面看看"

——这样的要求应该答应吗？

当孩子有主动探索大自然的欲望时，我们应该对他们的要求做出怎样的回应？如果你觉得这个要求有些难以达成，是不是就要拒绝呢？

对我而言，如果孩子有主动探求的欲望，我一定会格外惊喜并呵护他的想法。当孩子愿意去探索自然，就意味着他们发现了这个成长道路当中最大的宝藏，并且对这个宝藏产生了乐趣和好奇，身为引路人的父母只有开心，是绝不该有负面想法的。**世界上最不可能给孩子带去坏影响的课堂，就是大自然，孩子在这里认识到什么、学习到什么，都是正确而宝贵的。**

这就是一种回归，人类终究是自然中的生灵，在自然中成长仿佛是最符合法则的，所以一个接触自然的孩子会成长得更好。因此，你只应该苦恼孩子不愿去接触自然，当孩子有主动探索的欲望，千万别阻碍这一次丰富他们精神世界的机会，让孩子大胆去做、去看、去摸索吧！

所以，对孩子接触大自然的要求，我们应该去主动满足，而不是拒绝。有些家长总是以自己忙碌或者没时间为由，拒绝带孩子接触自然，这就是不称职的家长。

案例一

小北从小就有些胆小软弱，加上是个女孩子，家里人就关注得更多一些，也经常对小北的活动进行限制。在父母眼里，这都是为了孩子好，她毕竟不同于一般的"皮实"孩子，还是应该多看顾。

可是小北假期的时候回了一趟老家，父母就发现一切都变了，原来自己的孩子也可以胆子很大，也可以中气十足地在幼儿园大吼，还能追打跑跳，比男孩子都活泼。仔细一想，好像就是在老家的时间，小北产生了这种改变。

原来，小北的奶奶在教育孩子上就没有这么多想法，一直生活在乡下的老人看孩子比较"粗糙"，没有小北父母那么小心翼翼，经常把小北丢在地里任她跟着哥哥姐姐随便玩，吃饭的时候再来叫走她。这让小北着实"疯"了整整一个假期，不仅身体变好了，性格也变得更加大胆、好奇和勇敢。

还是那句话，不要随便给孩子贴标签，也不要用自己的想法去限制孩子的发展。有些爸妈总把孩子想象得太柔弱了，觉得大自然当中危险重重，孩子当然不能去尝试这些，其实这就是低估，是一种对孩子能力的严重低估，将来也会让孩子的未来被限制在我们划定的这个范围里。

想让孩子有超乎大人意料的发展，就得给他们无限发展的空间，尤其是在接触自然这件事上，多给孩子自由，听从他们的内心，相信你会有更多收获。

案例二

小朵经常跟妈妈一起出去旅行，妈妈美其名曰，这是"增长见识"之旅。但是，旅行的过程却不那么让小朵开心。

每当他们去接触自然山川风光时，小朵都会被那些从来没有见识过的美景所吸引，一个劲想拉着妈妈走近些去观察、去接触，但是妈妈却对此缺乏兴致，甚至劝着小朵跟自己一起远远看看就好了。

"来，妈妈给你多拍几张照片，多好看呀！少去水边玩，太危险了。"妈妈说着，把小朵拉走了。

"还是坐索道上山吧，方便安全，还能看景色，爬山你肯定受不了的。"就这样，小朵失去了亲自爬上山的乐趣。

一来二去，小朵觉得这样的旅行也没什么意思，就是跟着妈妈看看风景而已，这让她的好奇天性被压抑了，总有很多想法得不到满足。

我们要给孩子好的教育，但什么样的教育才是好的教育呢？这并不是父母说了算的，而是孩子自己说了算的。在正面管教的教育模式当中，父母，这个角色是非常特别的，我们要将孩子当成一个独立的个体去对待，去尊重，要成为孩子的引路者和大朋友，而不是他们所依赖的权威。所以，我们就不能够用父母的权利替孩子做决定，这样的教育方式本来就违背了正面管教的理念。我们应该尊重孩子的选择和想法，他想去玩泥巴，就让他去玩泥巴，他想去小溪当中试一试水温，我们就鼓励孩子在安全的情况下去尝试。

只要这一切是安全的，我们就应该创造让孩子多去尝试的环境，而不是因为种种原因伸出自己的手去阻拦他们。危险可以被父母去除，孩子的行为可以得到引导，更重要的是呵护他们的童真童趣，呵护他们一颗探究自然的好奇心，后者才是决定孩子能否具备创造力的关键。

好妈妈手记：带领孩子探索大自然

面对孩子的探索大自然的需求，我们不仅不能阻止，还应该鼓励，并且主动带领孩子通过一定的方式去合理探索大自然。

大多数时候，孩子的考虑都不那么周全，但我们想让孩子在自然这个课堂当中上一节完整的课，得到最好的教育，就应该替孩子将这些问题都考虑到，有计划地引导孩子在合适的时候去探索大自然，就是在发挥父母引路人这个角色的作用，就是在引导孩子走上一条正确的探索之路。

我们要从以下几个方面去考虑。

1.选择合适的探索时间。

不同季节的大自然具备不同的特点，春天万物复苏，夏日里生机勃勃，秋天漫山红叶，冬季大雪纷飞，不同时段的大自然，具备截然不同的特点，我们要让孩子去认识自然，就应该让他们从不同的时节去了解所生活的地球，所以每年都应该给孩子创造在不同季节出去玩耍的机会。不要永远去选择风和日丽、春暖花开的时节，带孩子去见识自然，有风有雨的天气一样可以给他们展现另一种美丽。

2.选择一个合适的探索地点。

自然的美是无穷无尽的，也是各有特色的，山川有山川的瑰丽，河水有河水的壮阔，不同的自然景观，能带给人们不同的感悟和思考，对孩子来说更是如此，所以，选择一个合适的探索位置很重要，既要适合孩子这个年龄段的需求，又必须保证孩子的安全，在这个前提下，让他们能与自然进行充分的接触，孩子才能学到最多的东西。

3.通过正确的方式引导孩子去探索自然。

孩子在接触自然的时候，往往是非常激动的，但他们并不知道怎样去接触大自然才是正确的，是既能自保，又不会对环境造成伤害的。这就需要父母插手，去引导孩子，让他们明白怎样才能够保护环境，怎样可以更好地融入环境，又不至于对自己的安全造成危害。

4.及时引导孩子抓住自然的机遇。

大自然当中总有一些景象是转瞬即逝的，父母必须及时注意，并且引导孩子在发生的时候去关注，这将能让他们获得最珍贵的宝物。看过电闪雷鸣，才知道自然的壮阔，观过昙花一现，才知道变化无穷；见过幼雏出壳，才知道敬畏生命。带孩子去观察这些特别的瞬间，将会给他们留下永远不能磨灭的回忆，绝对是重要的人生教育。

第34种 "比比我们谁更厉害"

——户外游戏是不是可能受伤？

生活条件和时代的变化总是在孩子的身上体现得淋漓尽致，当人们的生活开始变得更好时，当时代不断进步的时候，孩子的幸福程度将会越来越高。例如，现在的孩子，大多数不知道什么叫劳动，不知道什么是艰辛，没有出生就已经得到了全家人的关注，成长过程中又能得到无微不至的照顾。这种幸福的生活并不是一件坏事，但对孩子来说，在一个被完全保护的环境中成长终归是不好的。

比如，户外游戏这件事，以前孩子在童年期是最爱户外活动的，父母给孩子的保护不太严，所以孩子在活动中受些许伤害也不会引起太多的注意。这样长大的孩子不仅健康，而且抗打击能力强，不容易因为小伤小痛而难过，更坚强。

但是现在的孩子却完全被父母保护，或者说是约束住了，父母担心孩子运动损伤，往往在孩子面前提出各种"禁令"，不能这样玩，不能那样玩，即使有特殊的环境、安全的操场和游戏模式，父母还会担心设备有问题，其他的孩子会伤害他们的孩子，总之是不愿意让孩子去运动，更不能接受孩子有一丁点受伤。

案例一

小梦是家里最小的女孩，从小就得到了一大家子人的喜爱和呵护，平时就算是摔倒在地上，奶奶也要拍打着地面说："都怪这个破地，把梦梦碰疼了。"总之，是一点都不让孩子吃苦、吃亏的。

所以，当小梦开始上幼儿园了，一家人别提多担心，爸爸妈妈每天提前来接不说，爷爷奶奶一有时间就到幼儿园附近"监护"小梦，只要孩子进行户外活动，必然是要跟老师再三嘱咐："千万别让她玩沙子，不干净；别玩跳跳床，太危险了；要是看到有孩子欺负小梦，老师您可一定帮我们多护着点啊，这孩子从小就胆小呢！"

这样一来二去，就连老师都无奈了，平时甚至不敢让小梦多出去玩，就怕出什么小问题惹得一家人不高兴。

一个从未受过伤害或经历过挫折的孩子往往不够健康，不能在精神或者身体上承担一定困苦。当他们以后突然之间遇到打击的时候，恐怕无法承受，心理上面对困难必然是逃

253

避和拖延的态度，这对孩子的未来生活没有好处，只会让他们没有自信，变得软弱和缺乏意志力。

正因为许多家长没有意识到这其中的问题，往往把为小孩好当作理由，给他们最全面、最安全的呵护，反而让孩子成为温室的花朵，不能忍受一点点的伤害。

案例二

"今天天气很好哦，一会儿我们就可以出去运动了。"

没等老师说完，孩子听到了就特别激动甚至都有人开始鼓掌，大家显得非常迫不及待。越是遇到这种情况，老师就越是强调："记住，户外活动不能太兴奋，要记得安全问题，你们知道要注意什么吗？"

"不能在楼梯上推挤打闹。"

"不能跟同学追跑，不可以打人。"

……

老师听到孩子都知道了安全守则，就放心多了，叮嘱他们多注意安全，然后组织孩子一起去户外进行活动。在这个过程中，小朋友们简直就是把老师叮嘱的话背了出来，老师听了连连点头。

经过了老师的多次强调，孩子们的户外活动就一点问题都没有出现过。

你会发现，孩子远比你想的更加聪明。有些时候，家长能做到的事情并不多，孩子的成长还是仰赖他们自己。与其一直挡在孩子的身前，让他们得到父母的保护，不见风雨，却也错过彩虹，不如站在孩子的身后给他们支持，让孩子自己去独立行走、独立思考和判断，在风浪中历练，孩子反而发展得更好。

想让孩子的思想自由，就先让他们的身体自由，别以保护为名阻碍孩子去接触外界，接触自然。

好妈妈手记：在户外活动中解放孩子的身体

参加户外活动可以帮助孩子们学到很多东西，锻炼他们多方面的能力。

1.让孩子学会观察。

许多家长觉得他们的孩子很小，把他们带出去了，孩子不记得他们去过的地方，也不知道各种各样的事情，这种户外活动是没意思的；还有一些家长可能会觉得，他们带孩子出门学到的东西不多，交流太少，所以不愿意带孩子出门了。

事实上，孩子经常去户外活动可以改善观察能力，因为孩子对一切都很好奇，他们会不断发问，会对一切产生很大的兴趣，也能记住很多事情，这让孩子的观察能力得到了改善，并不是无用的。

2.提升社会能力。

如果孩子经常在外面锻炼，他们的性格会更活泼，更善于交际。经常待在家里的孩子往往比较内向、害羞、缺乏表现力，这就要求父母经常带他们出去，鼓励他们交朋友。

3.让孩子学会主动学习。

许多家长认为户外活动就是让他们的孩子出去玩，这是不正确的。因为孩子在外面不熟悉，所以他们会对很多事情好奇，也会一直问问题，家长耐心的回答会让孩子学到很多知识，会锻炼孩子的主动学习能力。因此，父母带着孩子在周末去公园或者郊区玩耍，都能让他们的孩子快乐。

4.提升自我保护能力。

父母总是担心孩子的安全问题，其实在户外运动中，孩子玩耍可能会受伤，但多锻炼几次，孩子会学会保护自己，至少知道如何处理伤口，这也是一种技能。而那些出去和陌生人见面的经历，也能让他们产生安全意识，明白他们不能和陌生人一起离开。所以，父母可以安全地把孩子带出房子，不要担心外界的风雨会让孩子受伤。

我们可以从这些方面来思考，让孩子自由运动，学会锻炼他们的身体和精神。

1.不要怕你的孩子在户外受伤。

受伤会让父母与孩子都痛苦，但也很容易让孩子学会独立，适当的小伤不必过分计较。一方面，孩子在受伤后会明白安全的必要性，然后他们会特别注意安全问题，不会因为自己太大胆而毫无顾忌。另一方面，小的伤害可以增强孩子的忍耐力和抗挫能力，从孩子的身体到精神都是一种锤炼。

对于父母来说，如果你总是担心孩子受伤，恐怕永远都不会松开你的手让他们自由，就像老母鸡一样在保护自己的孩子，这对他们的身体、心理都是有害的。

2.教育你的孩子要积极面对挫折。

当你的孩子在运动中遇到问题和困难时，他们应该被教导要积极地解决，并面对困境，这也会影响到孩子的思维模式。每个孩子都要承受挫折，学会用自己的力量承受挫折的打击，父母要孩子培养这种能力，那就要让孩子直面挫折。

父母自己在面对挫折时也要有乐观的表现，孩子就会受到影响，然后模仿这种状态。与此同时，当孩子感到沮丧时，父母应该给予及时的鼓励，孩子的恢复能力自然会提升。

一个简单的例子，当一个孩子摔倒的时候，如果没有受伤，父母可以不去伸手扶起他，而是鼓励他自己站起来，告诉他们的孩子："你真的很厉害，你可以自己站起来！"这种鼓励和积极的态度能让孩子更独立、更乐观地对待事情，即使他以后跌倒，他也能拍拍手站起来，而不是坐在那里只会哭。

3.户外活动不要设定目标，但要鼓励他们。

虽然竞技体育总有一个目标，但父母不给孩子设定目标，户外活动会更快乐。比如"今天跑500米""来一次比赛，孩子骑车争第一"，等等，这些目标都是不必要的，但我们要鼓励孩子多去尝试和挑战。

因为一旦有了一个困难的目标，孩子可能会急于达成，反而遇到更多危险，而且一旦受挫就不愿尝试了，这都是不值得的损失。相反，鼓励是最好的方法，即使只是一件小事，鼓励也能让孩子变得越来越好。

不仅如此，父母行为也会使孩子有心理上的影响，多鼓励孩子，他们会以更积极的方式面对挫折、失败和困难的问题。

总而言之，成长是一种个人经历，是丰富经验的旅程，我们没有必要束缚孩子的身体，应该让他们自由去感受和活动。

38 WAYS TO CULTIYATE A CHILD'S CREATIVITY

第九章

探索和感悟生活之美
——无处不在的创造力

"这是什么新玩意儿？"

——孩子害怕未知事物怎么办？

在进入学校之前，孩子最主要的学习就是玩耍，最重的学习任务就是探索世界。生命对他们来说一切都是未知，所以孩子接触每一个新鲜事物都是一种学习的过程。在这个年龄段，我们应该做的，就是让孩子去发现和观察，拥有一双发现美的眼睛，去不断接触缤纷多彩的世界，才能够吸收更多知识，并完善自己。

只有学会发现，才能学会创造，创造是基于足够的了解，所以必然要有发现和观察作为前提。**越是未知的环境，父母就应该越鼓励孩子去发现和探索，这样才能引发孩子的好奇，培养他们的探究能力和创造力。**

然而父母做好了这样的准备，孩子却不一定配合，这可不是写好脚本的电影，真实的生活总是能让你觉得无从应对。很多孩子在面对未知事物时，表现的并不是自己与生俱来的好奇心，而是抗拒与担忧，常常不敢迈出第一步去探索，更谈不上发现什么新东西了。

案例一

佩佩以前从来没有去过游乐园，第一次跳蹦蹦床的时候，又新奇又害怕。

妈妈看到了之后，就主动让佩佩坐在那里，然后使劲用力按下蹦蹦床，孩子就被弹起来了。

结果佩佩更害怕了，就不敢去跳了。后来佩佩在玩别的时候，妈妈就自我反省——是不是自己强制孩子接触新鲜事物，让孩子反而害怕了呢？佩佩还是不敢玩，可能跟妈妈错误的引导方式有关。

于是，妈妈就带着佩佩到了蹦蹦床，和佩佩一起坐下来，让佩佩慢慢地站起来，然后双手架着佩佩让她尝试着跳，大概跳了有十几下，佩佩就不怎么害怕了，最后玩到天黑都不愿意回家。

俗话说"初生牛犊不怕虎"，越是无知的孩子，对这个世界的危险就越应该无畏，一般情况下，家长应该担心的是他们太好奇了，而做出危害自己安全的事情，而不是苦恼孩子不够好奇，不愿意接受新生事物。所以，当他们违背常识，出现这种抗拒心态时，我们应该从教育和孩子自身的性格出发去思考，寻找原因并解决。

有些孩子接受新事物的能力不强，对外界的好奇心也很少展现出来，这是因为性格所致。那些活泼好动的孩子性格都相对外向一些，对一切都怀着强烈的好奇，他们喜欢探究，对没见过的事情，总是勇于尝试。这是好的一面，当然，活泼也有不好的一面，这样的孩子想专注下来更难，他们很容易被新的事情分散注意力，越好奇就越难培养专注力。

羞涩内敛的孩子相对来说，就比较缺乏安全感，所以面对新事物时，首先产生的不是好奇，而是恐惧，是安全感缺失的警报。他们在这种情况下会选择先龟缩在自己安全的范围内，除非家长主动引导并展示，让孩子知道新事物没有攻击性，否则孩子是很难主动去尝试的。

这也意味着，他们很容易因为受到了挫折而放弃探索。比如佩佩，就是因为胆小，所以特别抗拒新事物，最开始尝试时感受不佳，就立刻不愿尝试了。

虽然孩子在发现美的过程当中，因为性格所表现出来的反应不同，但我们可以有针对性地教育。就像案例当中，佩佩的妈妈通过改变自己的教育方法，一样让内向胆小的孩子顺利融入新环境，并从中得到乐趣。所以，性格不是我们不去教育的原因，只要找到正确的方法，我们总能让孩子在新鲜事物当中学到东西。

你可能会好奇，为什么就算遇到了阻力，我也一直强调要让孩子去接触新鲜事物？很简单，**新鲜事物是丰富孩子世界的**

重要元素，在新事物当中他们能够学到的东西最多，他们的好奇心和创造力也能最大限度地调动起来。孩子认识新事物的过程也是提高他们观察力和思考能力的过程，每个孩子都是喜新厌旧的，新东西可以更多地勾起他们的兴趣，当然是需要我们鼓励的。

案例二

春天，鹏鹏妈带着孩子回老家，第一次见识到这么多新鲜玩意儿的鹏鹏特别好奇，刚刚下了车就想往两旁的地里蹿，妈妈一把抓住了他的手。

"别乱跑，地里可是有蛇的，还很脏，弄脏了衣服妈妈不给你洗了。"

一听到妈妈说地里有蛇，可把鹏鹏吓了一跳，根本就不敢靠近了。但他还是充满好奇，探头探脑，一直在问妈妈问题。

"为什么那边的作物都是黄色的？两边特别高的东西是什么呀？地里真的有蛇吗，你见过吗？"

鹏鹏接连不断的问题把妈妈给搞烦了，看到他又想往两边瞧，甚至还忍不住蹲下去摘路边的草，妈妈就借机会训斥他说："都说了不让你随便乱跑，很危险的，你怎么就是不听！"

鹏鹏的兴奋劲一下子被妈妈给打消了，之后他看到了很多自己感兴趣的东西，但都不敢凑近，也不敢再问了。

很多时候，孩子对新事物的接受能力就是在这样一次次的打击当中消磨的。所以，在抱怨孩子接受新鲜事物能力不强时，家长得先问问自己，你真的没有做过什么阻拦孩子的行为吗？没有像鹏鹏的妈妈那样打压孩子的观察冲动吗？

在很多家长眼里，观察新事物，对跟知识无关的事产生好奇都是没有必要的，然而他们却错了。知识是怎么来的？就是从人们对未知的好奇中来，我们一直在致力于让孩子学会已有的知识，却又阻拦他们自己去探索答案，这就像是给孩子鱼，却不让他们自己学着打鱼一样，是本末倒置，何其可笑！

所以，我们不能阻拦孩子去接触新鲜事物，还要对他们进行引导和鼓励，才是正确的对待方式。

好妈妈手记：培养孩子大胆接触新鲜事物的习惯

帮助孩子养成大胆接受新事物的习惯，家长可以从下面几个方面入手。

1.给孩子提供接触新鲜事物的机会。

很多孩子在接触新鲜事物时，第一反应并不是向前，而是退缩，他们的好奇心无法抵抗自己的恐惧和排斥，不管原因是什么，归根究底，都是孩子平时对新鲜事物的接触机会比较少，所以才会有这样不适应的反应。

如果你的孩子每一天都过得不一样，永远处在一个新的环境当中，永远在学习新知识、接触新事物，他们就会对此非常适应，绝对不会产生抗拒心理。所以，培养孩子大胆接触新鲜事物的习惯，一个最简单的方法就是，让他们拥有无数可以接触新鲜事物的机会，创造一个这样开放的环境，对父母的教育而言至关重要。

经常带孩子出去游玩，多带他们见识外面的世界，扩展孩子的交友圈子，让他们接触同龄的小朋友，这些都可以让孩子接触新鲜的信息，让他们不断适应陌生的环境，时间久了，孩子不仅见识增长了，观察能力提升了，对新事物的兴趣也会不断提升。

2.让孩子意识到，新鲜事物能给他们带来更多好的影响。

孩子排斥新鲜事物，本身是一种趋利避害的自然反应和选择，肯定是他们过去在接触新事物的过程当中受到过伤害。或者是因为缺乏安全感，不了解接触下来的后果，所以下意识地排斥。要解决这个问题，我们就要让孩子对新事物有足够了解，知道接触新鲜事物，进入一个新环境是无害的，建立这个意识之后，他们才能向新的环境大胆张开怀抱。

父母要给孩子培养这种意识，消除他们对未知的抗拒，就得积极对孩子进行引导，以身示范让孩子意识到无害，同时要让孩子产生对父母的信赖和安全感。只有他们足够信赖父母，才能在我们营造的港湾当中大胆向前。

3.让孩子学会在新的环境当中自主探索。

在成长发育的过程当中，每个孩子的变化都各有不同，成长的速度也是有快有慢，在新环境当中的适应能力也有高低之分。与其急功近利地让孩子学会适应新环境，最终面临揠苗助长的风险，我们不如让孩子主动自觉去探索，哪怕慢一些，获得的也绝对不会少。

任何一个自主的选择都比父母替他们做出的选择强，孩子能够自己完成打破心理防线，接触并逐渐了解新事物的过程，他们获得的收获反而会更多，也更能发挥他们的主动性，锻炼他们的自发探索能力。

第36种 "小草又长了一片叶子"

——每天观察动植物是在浪费时间？

在幼儿园当中，很多孩子都会得到这样一个作业——种植一棵植物，观察它们的成长过程并记录；养一个小宠物，陪伴并观察他们的习惯。

这让很多父母怨声载道："说是给孩子布置作业，其实还是在劳烦父母，没事观察什么动植物，这不就是浪费时间吗？"

难道真的如此？

其实，出现这样的作业正是教育多样化的体现，是素质教育在我们的生活当中产生影响的表现，我们看到应该感到欣慰。我们常常说不要让孩子输在起跑线上，要让孩子多学习，其实学习多少知识并不重要，对于现阶段的孩子来说，知识量再丰富，也不及他们长大后短时间内学到的。他们应该培养的是一种能力，一种思维，创造性的思维就是其中之一，而观察能力，不仅仅是创造思维的基础，也是孩子学习能力的一种表现。

让孩子去观察动植物，其实就是让他们培养观察能力，拥有这个能力，就像给孩子开了眼睛，他们才能真正学会去正确地看世界，看到别人注意不到的地方，创造出别人想象不到的成果。

观察不仅有利于孩子观察能力的发展，还能增强他们的逻辑思维和想象能力，在观察的过程当中，他们会发现事物与事物之间的联系，并通过思考找出这种联系内在的含义，这就是联想能力、逻辑体系和思考模式的培养过程，对孩子来说是意义非凡的。

当我们知道了这些，是否还觉得让孩子去观察一棵树，一株花，或者一个小动物显得很无趣呢？想必家长就不这样觉得了吧！观察能力的培养，不在课堂，就在日常生活当中，所以老师在培养观察力上能给孩子做到的影响是很少的，更多的还是仰赖父母的教育。

案例一

君君现在上幼儿园中班了，老师经常让父母给孩子辅导作业，这让君君妈妈经常觉得很无语。她心想："孩子才上幼儿园，每天玩才是最重要的，学习能学到什么，还要辅导作业，真不知道老师是怎么想的。"

然而接触下来才发现，这种"作业"其实就是另一种形式的玩耍。比如，孩子会根据自己的想象画一幅画，然后给妈妈讲一讲，妈妈就可以从君君的描述和画作当中拼凑出孩子的世界，这显得非常有趣。所以久了，君君妈妈也投入其中。

　　这天，君君妈妈看到孩子画了一个小老鼠一样的动物，尾巴却看起来像是棒棒糖，非常好奇地问："今天老师布置了什么作业，你怎么画了这么奇特的小动物呀？"

　　"这是松鼠！今天老师给我们带了一只小松鼠来观察，大家都画了画。"

　　"松鼠？哇，你说这是松鼠的尾巴吗？"

　　"没错，松鼠的尾巴就像是我们吃的棒棒糖一样！"

　　妈妈仔细一想，还真是君君说的这样。孩子在观察的过程中，发现了很多成年人都没有注意到的细节，这是多么有意义的事情！

　　其实孩子天生就具备观察能力，只是首先他们缺乏观察的好奇心，很难专注地去研究，其次就是没有观察的动力，不一定会对周围环境产生兴趣，再加上孩子缺乏观察的方法，就让他们的观察能力无从展现，更谈不上提升了。在这种情况下，我们首先要激发孩子的好奇心和动力，然后教给他们观察的方法，这样才能培养出孩子的观察力。

　　新鲜事物就是吸引孩子观察的对象，而动植物这样生动活泼的观察物也能在最大限度上吸引孩子的兴趣，让他们产生新鲜感和好奇，自然就能产生主动观察的动力。

　　这就是为什么许多老师都让孩子从观察动植物下手，去培养观察力的原因，家长也可以从这个角度入手，引导孩子去观察，相信你的孩子会发现生活变得更有趣、更新鲜了，在观察时也能更投入一些。

案例二

　　我曾经在课上带着孩子画画。有一次，给孩子布置的作画内容是"橘子"，让孩子根据自己的认识来画出自己心中的橘子，如果有什么创造也是可以展现出来的。

　　有的孩子画出的橘子是中规中矩的，还有的则画出了绿色的橘子，还在旁边添加了一个愁眉苦脸的小人，意思是"绿色的橘子很酸"，也有的孩子把橘子画得五颜六色，还很有条理地解释说，这是非常有可能出现的橘子……

　　而小柳的橘子特别有意思，在上面能看到很多小圆圈，当我们问她的时候，她说："这是橘子上面的包，橘子的表面是不平的。"

　　原来，小柳注意到很多橘子的表面有一些小粒一样的凸起，就将它们画了下来。这样画出的橘子虽然不好看，也很难让人理解，但是大家一想，还真就是这样。对于小柳的观察能力，我进行了大大的赞赏和表扬。

很多孩子都习惯不带着目的去观察，所以我们常常觉得他们观察到的东西是毫无意义的，其实这都是在用成年人的思维去理解孩子。孩子只要有观察的想法，愿意去观察，不管他的兴趣点在哪里，我们都应该鼓励。在这个基础上进行有意识的引导，可以让孩子的观察从毫无目的，变成主动而有条理，这样孩子的观察能力就更强了。

好妈妈手记：让孩子学会观察与发现

培养孩子的观察力是让孩子拥有创造力的基础，会观察和发现的孩子，才能从别人不知道的细节处寻找到问题，并提出有创意的见解。而家长在培养孩子的观察力方面，应从以下几个方面进行。

1.让孩子学会带着目的去观察。

孩子的观察是偶然的，经常因为兴趣的转变而半途而废，这对于建立观察能力和思维来说当然不利，所以家长就要对孩子的观察方向进行引导。而且大多数孩子的观察习惯和观察能力都有限，看到的东西往往流于表面，也很难发现到别人看不到的细节，这也需要家长带领孩子去开拓，让他们知道，还可以从另一个角度去思考、去看，给孩子打开一扇观察的大门。

我们可以让孩子带着目的去观察，家长可以有意识地对他们提出一些建议，比如，"看看旁边的云河，这一片云有什么差别""公园里能看到几种不同的小鸟"，等等，孩子就会顺着家长提出的思路去思考，这就算是有目的的观察了。

过程当中，我们还可以不断深入地提问，让孩子的观察越来越细致，观察的角度越来越特别，当他们从中找到乐趣之后，就会举一反三，观察的能力也就建立起来了。

2.观察，应该学会抓住主要特征。

很多孩子在观察时往往无头绪，不知道该如何描述自己观察的对象，究其原因，还是因为没有找到合适的方法。观察，应该学会抓特质，只有找到了主要特征，才能够准确而完整地描绘一个对象。所以，什么才是事物的主要特征，怎样去筛选这些特征，就成了孩子在观察过程当中遇到的难题，而家长就应该从旁指引。

鲜艳的色彩，独特的形状，有趣的声音，这些都是一个事物最典型的特征，我们可以引导孩子往这些方面去想。

3.教给孩子一些特殊的观察技巧。

将观察与联想结合在一起，通过比较的方法去观察，孩子就能发现平时注意不到的细节，这些都是特殊的观察技巧。

举个简单的例子，让孩子观察一下玫瑰花和牡丹花的不同，孩子就能够在比较的过程当中，观察得更加细致，对事物的整体认识也更加完善。而让孩子在观察完之后，举一个相似的例子并说明理由，不仅可以提升孩子的观察能力，加强他们对特质的把握，还能让孩子培养联想力，可谓是一举多得的。

4.养成观察之后做记录的习惯。

不管是在培育一株植物的过程中，写植物日记；还是在外出采风的时候写一篇游记，这些都是观察之后的记录。养成观察之后做记录的习惯是非常必要的，这些记录可以很详细，也可以非常简单，可以在父母的指导下撰写，也可以自己发挥。它们是孩子思绪的整理，对提升孩子的思维能力有着非常好的影响。

第**37**种 "这是美的，那是丑的"

——孩子知道什么是美丑吗？

　　让孩子学会观察和发现，还要培养孩子的审美能力，二者结合在一起才能发挥出最大的效果。仅仅会观察和发现，却不会判断美丑，孩子就很难产生自主独立的意识，在创造的过程中，就不能具备足够的审美水平了。

　　拥有创造力是重要的，但创造出来的也应该是美的东西，所以审美能力同样至关重要。在观察教育当中融入审美教育，提高孩子的审美感知力，让孩子在接触外界和自然的过程中建立自己的审美，相信孩子的创造力会得到更好发展。

案例一

　　鹏鹏虽然是个男孩子，但从小就有自己的一套审美观，对待美和丑，他有一套自己的评判习惯。

比如早上，妈妈要送他去幼儿园，给鹏鹏搭配衣服，鹏鹏就说："我要穿黄色的外套和绿色的裤子！"

妈妈一听，就知道这是"小设计师"爱美的心态作祟，想按照自己的审美观打扮一番了。可是黄衣服、绿裤子，这样的撞色是不是有点太显眼了？妈妈觉得不是很好看，就问："要不我们穿黑裤子吧，黑裤子比绿裤子更好看。"

"不，我觉得绿裤子好看，穿上绿裤子还有黄衣服，我就看起来像一朵向日葵啦！"鹏鹏这样说。

妈妈这才知道，原来鹏鹏的审美意识和自己是不一样的，他的思考方式也跟自己不一样，所以才会展现出独立的独特品位。

审美感知力是什么呢？就是人们发现和感受"美"的能力，这要求孩子必须具备观察和审美双重能力，如果只会观察却不会判断美丑，孩子就不具备审美意识，如果只有审美力却不能观察，也就发现不了美。

所以，二者是必须同时存在的，这样才能让孩子能够发现生活中最美好的东西，能够在这样的教育里陶冶情操，成为一个创造美的人。

直观的教育往往能让孩子更加实际地感受到美，学会欣赏美，所以我们应该让孩子在生动的环境里培养审美意识，在感知过程中建立审美态度，简而言之，就是——

审美要生动，拒绝书面化！

蓓蓓从小就在妈妈的引导下建立了独立的审美意识，年轻时就有一颗文艺心的蓓蓓妈非常注意让孩子培养审美情操，所以给蓓蓓报了好几个班，专门让孩子学音乐、舞蹈、画画，在艺术熏陶当中建立审美。

晚上的时候，蓓蓓妈还会给孩子朗读自己买来的故事集，让孩子沉浸在美妙的世界知名儿童故事家构造的世界里，她认为这样最能建立良好的审美。

然而蓓蓓似乎不太感兴趣，与其听妈妈讲故事，或者上舞蹈、音乐课，她更喜欢跟爷爷一起种花、种菜，或者看着爸爸鼓捣一个小模型、小玩意儿，有些时候还喜欢玩洋娃娃。在她眼里，这些可比那些"高尚"的审美教育有趣多啦！

蓓蓓妈妈的这种教育就有点脱离孩子自身需求和特点了，在这个年龄段，孩子都喜欢最直观的东西，文字比不上音乐，图画抵不上电视电影，越是生动有趣就越能够吸引孩子的注意力，在他们眼里这就是美的，是值得关注的。所以，父母在教育孩子时，一定要找准他们感兴趣的点，千万不要跟蓓蓓妈妈一样，完全跟孩子的需求走了两条路。

孩子的审美是非常稚嫩的，很多时候我们并不赞同他们对美丑的评判，但千万不要因此而忽视孩子的意见与想法，他们有自己的思考模式，只要是出自自身热忱的情感去做出的判断，就是值得鼓励的。大多数孩子都喜欢热烈的色彩，喜欢跌宕起伏、富有节奏感的音乐，这些都是孩子内心的一种体现，所以即便跟主流审美有一定差距，我们也应该鼓励和尊重。

只有尊重他们自己的审美情趣，才能帮助孩子建立好的审美意识。要是你先表达了对孩子的"不屑"，孩子也一定会维持自己的骄傲，压根不愿意跟你交流；如果你用自己的审美去指挥孩子，就会压抑孩子自身的审美意识，让他们缺乏独立性。所以，就算你的孩子今天选择了披红挂绿，看起来有点"辣眼睛"，妈妈最好也选择尊重，这可是在培养孩子的审美意识呀！

审美，其实就是这样从生活中建立起来的。

好妈妈手记：培养孩子独立的审美情趣

为什么说培养孩子的审美其实就是培养审美感知力呢？因为孩子对美的认识，就源于对生活和自然的观察，通过观察到的信息，他们学会了判断什么是美。所以，先让孩子学会用心观察和感悟，孩子才能发白内心建立自己的审美意识。

你的孩子如果连观察都不会，就相当于被关在了一个空荡荡、黑乎乎的屋子里，在这种情况下要他判断屋子外面的景色，岂不是有些强人所难了？别说是孩子做不出来，就算是一个成年人，放在这样的环境下也只能叹一句"巧妇难为无米之炊"啊！

所以，多让孩子在生活中与美的事物接触，才能从源泉上解决孩子缺乏审美的问题，培养良好的审美能力，让孩子能够创造出美的事物。

我们可以从下面几点展开思考。

1.学会让孩子欣赏周围的环境。

美源于生活，一个有生活情趣的人，能把一切都改造成美的，所以做一个有生活情趣的母亲，可以让我们的孩子在周围的环境中感受到美。

没事的时候，**我们可以刻意去营造一种美的环境，让"美"变得有仪式感。**比如，今天在花瓶里插上鲜花，通过插瓶来给孩子传达一种美；明天买一副漂亮的窗帘，配上刚刚送来的挂画，让整个屋子焕然一新。孩子会从自己的角度去判断和欣赏这种美，如果我们能恰好投孩子所好，他们就能更积极地感受美了。

2.让孩子理解自然的美。

越是城市里长大的孩子，越是容易被自然之美所震撼，因为没有见过，所以才会被吸引。父母不必担心孩子不爱自然，只要我们多去创造让孩子接触自然的机会，他们就能感受到美。

当然，这需要爸爸妈妈给孩子寻找"美"的自然环境，光秃秃的山头当然不如美丽的黄山、巍峨的泰山更美，不够清澈的湖水也赶不上洞庭湖、西湖的旖旎，所以我们自己要有选择，给孩子一个足够美的环境，他们才能尽情欣赏。

3.让孩子能够在艺术中感受美。

让孩子感受到艺术的美，是很重要的。当然，这不是要求我们对孩子进行枯燥的教育，艺术本身就是能够引起孩子共鸣的，如果没有，那就是孩子的理解能力和年龄尚未达到，不要强迫孩子去认同什么是美，这样只会让孩子更加糊涂。

鼓励孩子发表自己的看法很重要。艺术虽然美，却没有一个确定的评判标准，孩子应该有自己的感悟和认识。我们可以带孩子去看画展、看雕塑，然后问一问孩子看到这些有什么自己的看法，并且尊重他们的看法。也许你会发现，孩子的判断与主流南辕北辙，但这并不意味着他们是错的，只是孩子的关注点跟别人不一样而已。

4.尊重孩子的审美。

孩子的审美可能跟大人有所不同，在这种情况下我们绝对不能直接告诉孩子"你的是不对的，我的才是对的"，事实上连你也不清楚，你的审美是不是就优于孩子。所以，我们要学会尊重孩子的审美，尤其是在孩子建立了独立的审美意识之后，更要尊重他们自己的选择和看法。只有这样，孩子的审美才能得到进一步发展，孩子才不会因为受到打击或者其他影响，导致不能顺利建立审美、缺乏自信意识等。

你的尊重和鼓励，是孩子建立审美萌芽的基础。在生活中，我们可以多给孩子一些展示自己审美的机会，并且对他们的选择进行正确、积极的评判。当然，鼓励并不代表无节制的夸赞，如果你的孩子审美真的一言难尽，千万不要硬着头皮夸赞他"真有品味"，这样很容易误导孩子，导致孩子在后续的审美塑造上出现问题，最终无法建立对美的正确感悟。

总之，孩子的审美意识要结合着生活来建立，多让孩子学会观察，有了自己独立的看法之后，孩子就会自然而然产生对美的评判。一个拥有良好审美意识的孩子，将来也一定能创造出美的东西，这才是最完美的创造力体现。

第38种 "为什么每天的月亮都不一样"
——观察之后，还要调动大脑？

　　学会了观察，却不会动一动自己的大脑，得到的信息也只能是信息而已，无法根据孩子的思维模式进行第二次加工，也就谈不上提升创造力和思维能力了，所以我们不仅要鼓励孩子多观察，也要让孩子学会在观察之后调动大脑。

　　在刚开始的时候，孩子可能因为思维能力的局限出现想象思考跟不上眼睛的情况，就需要家长去引导孩子构建起思维模式，孩子才能学会动动脑筋去观察，培养他们的观察能力和构建思维都是有好处的。

　　生活中，我们常常看到家长在孩子观察完之后并不给他们思考的机会，只要孩子有疑惑，或者观察出了什么问题，家长就立刻给出答案，根本没有留下让孩子自己思考的空间。还有的时候，家长则并不重视孩子的思考结果，只要孩子提出了听起来有些不合道理的见解，家长就忙着否定，忙着提出一个标准答案，这些都对孩子培养思考能力没有什么好处。

前者让孩子失去了思考的机会，后者让孩子失去了思考的动力，都会让他们的思维越来越僵化，过早地失去创造力和想象力。

要记住，孩子不仅要有一双善于观察的眼睛，还要有一个善于思考的大脑，才能将观察来的信息进行加工创造，才能得出一个令我们感到惊喜的结果。永远不要用标准答案去局限孩子的思维，也不要忽略那一点点让孩子思考的空间，你的孩子才能在观察之后得到创造力的培养。

案例一

苏苏在幼儿园被老师布置了一个作业，就是观察一株植物开花的过程，并且提出自己的问题和解答。

苏苏回家后就告诉了妈妈，妈妈赶紧从阳台上找出了一盆花，这也是以前苏苏在幼儿园的作业成果——种一棵植物，然后对苏苏说："你看，这盆花最近就要开了，你可以这几天观察一下。"

苏苏观察之后，发现花开的时候会有香味，就问妈妈："为什么花开会有香味啊？"

妈妈知道苏苏有这个作业，毫不犹豫地替她解答："因为要吸引蜜蜂、蝴蝶来帮它们授粉，然后长出种子来。"

"什么是授粉啊？为什么我没看到蜜蜂、蝴蝶呢？"

"授粉……等你长大了就知道了。至于为什么没有蜜蜂蝴蝶，是因为咱们家太高啦，它们飞不上来。"妈妈敷衍了一下苏苏，让她拿这个答案交差。

虽然苏苏感到很疑惑，还是听话地照办了。结果老师表扬了另一个孩子，他观察了向日葵花的生长过程，发现它永远朝着太阳，认为是"向日葵喜欢晒太阳，每天都在晒日光浴"，虽然同学们都笑了，但是老师却说这是他自己思考的结果，所以是值得鼓励的。

创造性的思维不仅仅是获取信息，而且还要对信息有自己的思考，我们不仅要鼓励孩子进行观察，还要重视这之后的思考，思考才是最重要的，观察只是一个前期准备而已。如果孩子没有思考，何谈去创造呢？所以，妈妈应该知道孰重孰轻，不要忽略思考的重要性。

案例二

特特最近上小学了，经常会遇到一些学业上的问题，一旦遇到这样的事情就会急着请教妈妈。

一开始妈妈都是直接告诉特特答案，赶紧给他解决，但时间久了，妈妈发现特特总是在同样的地方犯错，就算告诉了他为什么，他还是记不住，而是习惯了遇到问题就问妈妈。这让妈妈意识到这种教育方式是不对的，于是，她开始让特特自己去解决。

"你可以自己观察一下，这个题目里都讲了些什么呀？然后自己先想一会儿，再告诉妈妈你的看法好吗？"

特特就根据妈妈的指引，学会了自己去观察和找寻答案，结果妈妈发现，他很多题目都能自己解决，就是一开始没有思考的习惯，总是依赖父母，所以才答不出来。

很多时候孩子并不是我们想象的那么弱小，他们不依赖父母也能通过自己的思考找到答案和解决办法，但就是因为习惯了依赖于父母，所以才让他们的大脑变懒了。遇到这种情况，就得让孩子学会独立思考，这样他们才能真正摆脱父母的影响，慢慢成长成一个独立的人。

好妈妈手记：如何培养观察与思考结合的能力

要让孩子将观察与思考相结合，需要妈妈从多个角度出发进行引导，这样才能培养孩子勤于发现，并且愿意思考问题的习惯。

为什么要重视孩子在观察后思考的能力呢？因为观察对孩子而言，是难得的一次大量获取信息的机会，当他们刚观察到一些内容时，是最有好奇心、有求知欲的，所以这时候我们让孩子根据观察的内容进行一下思考，孩子的接受度最高。即便在思考过程中，他们会遇到一些困难，也会因为刚才充足的好奇心驱使而乐于去解决，不容易放弃。所以，让孩子在观察中思考，是一次"趁热打铁"的过程，可以让孩子发挥自己的创造力去解决问题，并且锻炼他们的思维能力。

不管从哪个方面看，这都是值得我们鼓励并且培养的。所以，千万要重视孩子观察与思考结合的能力，这样才能让观察变得有意义，让思考更加深入。我们可以这样做。

1.给孩子独立思考的空间。

总有些妈妈是急性子，看到孩子观察完周围的事物，一时半会得不出妈妈想要的结果，就直接替孩子指出答案，这样就阻碍了孩子自行去思考。就像我们前面说的，如果妈妈习惯了将一切都给孩子代劳，你的孩子还有什么主动去思考、去创新的机会呢？他早就习惯了依赖父母了。

所以，做一个万能妈妈不如做一个什么都不知道的妈妈，不要替孩子去思考，多给孩子一点空间让他们展现自己的能力，我相信孩子能够给你一个非常好的反馈。

2.可以在观察时给孩子提问。

有些孩子能在观察时自己发现问题，比如，"花朵为什么香""湖水为什么绿"，但假如你的孩子好奇心没那么充足，在观察时没有什么有趣的疑问，你可以替他们提一些问题。

比如，"你发现了吗，前面竟然有小鸭子""为什么我们坐的车轮是圆的呢"……妈妈给孩子指出那些他们可能没注意到的点，孩子就可以自行去学会思考了，这也是促进他们自主思考的一种方式。

3.引导孩子发表自己的想法。

在观察后，孩子总会有一些自己的想法，比如，"我喜欢泥土的味道，是甜甜的""刚才飞过去一只大鸟，我觉得是老鹰"……别管这些想法是对是错，这都是孩子在观察之后自主产生的，即便妈妈觉得不正确，首先应该做的也是尊重并认可，然后再提出自己的意见和疑问。

引导孩子发表想法和意见，可以让孩子有更多自我判断的能力，这也是一个思考的过程。更有趣的是，如果孩子的想法恰好跟你不同，我们就可以借机会跟孩子进行一番讨论，看看谁的想法更合理，谁的想法更有意思，这就是一次更深入的思考，还可能引起孩子二次观察的兴趣，让自己的观察变得更细致。

4.在思考后，再让孩子去观察一下。

对孩子来说，"无脑"的观察和"有脑"的是不一样的，当他们在观察时没有经过思考，往往就容易忽略一些细节，在观察上并不是非常细致。但如果孩子对某个问题进行了思考，他们就会对这件事更加专注，也可以以另一种态度去观察和发现。

所以，我们应该鼓励孩子在思考之后，再次进行一下观察，也许就能发现之前没有看到过的细节。事实上，很多孩子在第二次观察后还会推翻自己前面的看法，这就是另一次思考的过程了。

　　这样不断训练之后，孩子才能渐渐习惯带着问题去观察，或者自发进行思考，不仅能提高他们主动思索的能力，还能让孩子的观察力也进一步得到提升，实在是一件一举两得的事情。

后记

俗话说："十年树木，百年树人。"教育这件事要做好，实在是很难。尤其是对为人父母者来说，教育自己的孩子，成败就是一辈子的事情，而人的一生这样珍贵，每个父母都承担不起"教育失败"的责任，这不仅是愧对自己，更愧对孩子。所以，谈起教育，没有人比父母肩上的责任更重，没有人比父母更加关注。

在这种情况下，不仅孩子在成长过程中需要老师，父母也需要"老师"，指导自己去进行正确的教育。尤其是母亲，作为决定一个家庭、一个民族未来的角色，在初为人母的时候更应该扮演好"学生"，多去学习如何教育自己的孩子。

当我决定写一本关于教育的书，想帮助妈妈给孩子一个有趣的、难忘而影响一生的童年时，我首先想到的就是从培养"创造力"的角度去看我们的家庭教育。我也希望妈妈多去关注孩子的创造力培养，这是第一步。

你会发现，学习能力、逻辑思维、记忆力或者专注力等等，都是可以一步一步去培养的。只有创造力，是孩子一出生就具备，但如果我们不重视、不关注，就会失去一辈子的。"儿童是最好的艺术家"，而艺术是挥洒创造力的最高殿堂之一，这足以说明孩子的创造力丰富。但在长大后，孩子的创造力却在不断减少，他们建立了对世界和规律、秩序的认识，就像给自己盖起了一堵围墙，把思想牢牢禁锢在里面。如何让他们带着幼年时期的创造热情，去融入成年人的世界，就成为儿童教育领域一个重要的课题。

在我看来，这个课题最好的实施者，不是老师、教育机构，而是父母。潜移默化、耳濡目染，妈妈陪伴着孩子，就可以在生活的一言一行中呵护孩子的创造萌芽，这样也将教育融入每分每秒中，四两拨千斤地去培养我们的孩子。可以说，孩子健康成长之余，妈妈也可以松一口气，不必始终那么紧张。

这种生活中"举重若轻"的教育，就是我这本书所介绍的教育办法。它所鼓励的父母形象，是不专制也不娇惯孩子的。传统家庭的父母，威严永远摆在第一位，孩子的选择跟父母不同，就是"错"，然而你确定自己的做法就对吗？这样专制的家庭过于压抑，很难培养出有创造力、有突破的孩子；而现代家庭中，几个大人围着一个孩子转的情况又很多，孩子变成了"食物链顶层"，父母恨不得将一切给孩子代劳，这样孩子的成长就一帆风顺了吗？你的孩子可能因此失去了去尝试、体验和创造的机会。

所以，管得太多不如少管，在生活中跟孩子做朋友，在陪伴中用积极的态度教育孩子，寻找到父母和孩子的正确角色，才是最重要的。跟孩子相处时、给孩子讲故事时、与孩子聊天时，抑或一起游戏时、出门踏青时、画画唱歌时……生活中的每个片段，不仅是我们陪伴孩子的珍贵时光，也可以成为创造力培养的课堂。让能力培养渗入每个细节里，不仅妈妈教得轻松，而且孩子学得也轻松，能更好地理解、接受父母的想法，这也是最高质量的陪伴了。

最好的教育不在学校，不在书本，而在生活里。这就是这本书里，我希望爸爸妈妈能理解的最重要一句话。

生活本身就是教育，我们的一言一行，陪伴孩子的每分每秒，都是教育的过程。所以，培养创造力不要拘泥于课堂，让我们在日常生活里给孩子一个更好的童年，一个美好的未来吧！